老鸦柿盆景

LAOYASHI PENJING

彭达 著

中国林业出版社
China Forestry Publishing House

图书在版编目（CIP）数据

老鸦柿盆景 / 彭达著 . -- 北京：中国林业出版社，
2021.12（2023.5 重印）
ISBN 978-7-5219-1475-7

Ⅰ.①老… Ⅱ.①彭… Ⅲ.①柿属—盆景—观赏园艺
Ⅳ.① S688.1

中国版本图书馆 CIP 数据核字（2021）第 265788 号

策划、责任编辑：张华
出版发行　中国林业出版社
　　　　　（北京市西城区德内大街刘海胡同 7 号）
邮　　编　100009
电　　话　010-83143566
印　　刷　河北京平诚乾印刷有限公司
版　　次　2022 年 1 月第 1 版
印　　次　2023 年 5 月第 2 次
开　　本　710mm×1000mm　1/16
印　　张　13
字　　数　220 千字
定　　价　88.00 元

修树与修书两件事相较而言，我更喜欢前者。因为修树可以随性随情而为，可以按自己想要的方向走，那只是自娱自乐，影响不了别人。而修书不同，仓颉造字，字成之日"天雨粟，而鬼夜哭"。这当然只是传说，但这也标志了文字对人类的重要性，"令造化不能藏其密，而灵怪不能遁其形。"文字让人类从蒙昧跨入文明，使人的思想变得更开阔，最大程度地提升了人类的生产力、创造力，推动了人类历史文明的发展与进步。记得很久很久以前读过一篇文章，文中叙述的一件事令我记忆犹新，至今犹未敢忘！大概意思是文中主人因将书籍垫坐而遭到责罚，他的祖母告诫他"字字有神灵"，读书人不懂得尊重文字，不但是有辱斯文，更是有辱神灵！而以文字行不实之文，引人入穷险之境，恐其心不可谓不叵！终将引人诛伐，当以为诫！

我认为，修书贵在真实，行文应当严谨！但苦于胸中墨无几点，难成篇幅，更要坚守心中那点执念，想要写出多么华丽的东西来，太难！

好在这许多年来，许多事亲力亲为。遇到各种状况百折不挠地去想办法解决，久而久之，对于老鸦柿的方方面面也积累下了一些知识或经验，也可以说是心得体会吧！如实写下来，也许帮不到人，但起码不会去害人的！心之所向，是能真正地帮到一些人！

中华大地地域辽阔，东西南北环境气候差距较大。植物习性不尽相同，养护的要求也相差很大，文中无法一一涵盖，地处西部、北方的朋友需在实际操作中细心体会，用心摸索！

作者与师父袁泉一起做树

老鸦柿，柿科柿属落叶灌木或小乔木，广泛分布于我国华东大部分地区，华南部分地区。根可入药，果实提炼色素以作为漆用。偶有做成盆景观赏或作为园圃绿篱、樊墙所用的。

"二战"时期，日本在中国大陆发现老鸦柿，并以一个新的物种带回日本，用来培育盆景，但并未获得重视。至20世纪80年代，日本盆栽艺术家山口安久先生从中国引进老鸦柿，历经多年培养，繁殖，培育出诸多新品种，并摸索出了相对完善的老鸦柿培育、制作养护的相关经验，使老鸦柿盆景迅速风靡于中日盆景圈，让越来越多的盆景爱好者喜爱，追捧，甚至沉迷！

中国作为老鸦柿的原产地，因受诸多影响，盆景业一直不温不火，与老鸦柿相关的作品、知识更是十分匮乏。随着国情的转变，盆景业也逐渐繁荣，盆景制作技法也不断获得创新与进步，制作水平也在不断提高。而老鸦柿作为盆景素材新贵一族，相关的基础知识、养护技巧、制作要领等相关知识，相对都比较模糊。本人经多年摸索、学习、实践，对老鸦柿从野生分布、园圃移栽、种植、养护、培育、繁殖、制作以及老鸦柿盆景的未来发展方向及前景等，全方位总结出一系列行之有效的经验方法和观念观点。现将这些经验与观点整理出来供大家在实践中参考借鉴。我国幅员辽阔，不同地区、地域、环境温湿度差距较大。本人阐述观念难免会有一定局限性，故陈述中有不当或遗漏之处，欢迎各位堵漏补遗，不胜感激！

彭达

2021 年 10 月 15 日

目录

C O N T E N T S

老鸦柿的魅力

　　老鸦柿，别名野柿、山柿、丁香柿、弹子等。日本称之为姬柿，我国台湾地区称为老爷柿。老鸦柿的玩家都亲昵地叫它"鸦"。柿科柿属，落叶树种，小枝密集虬曲，芽点刚健饱满。整体表现夸张，春华秋实，四季分明。

入秋时节，老鸦柿开始脱衣换景

左图：老鸦柿雌花
右图：老鸦柿雄花

每年清明前后，芽苞陆续萌动，不经意间，原本枯寂的枝头，许多鲜活的生命喷薄而出。

漫步早春清晨的院子，看着那一树树嫩绿在仍带着寒意的微风中摇曳，所有的烦恼早已飞到了九霄云外。如火苗般的嫩芽，微微张口，亭亭地立在枝头。你便明明白白地感受到了生机两个字！一不留神，花苞也出来了。

起初只是一个不起眼的小苞，随着萼的展开，瓶状的白色小花也陆续挂满了枝头，这时候，微风里时时飘来阵阵的兰花香味，这就是瓶兰这个名字的由来。"瓶兰"是金弹子的别名，而老鸦柿和金弹子是近亲。有些东西是相通的，有些性状是一致的！

嫩叶还没来得及细赏就进入盛花期了。老鸦柿品种有1000多种，而各品种的个体特性也表现在各个方面。枝、干、叶、花、萼、果、柄，各不相同。于是，赏花识品，也就成了赏玩老鸦柿过程的一大乐趣。

　　各个品种的个体特性不同，花、萼也就有了明显的区别。往往在看花的时候，脑子里面就在想着这花会结出什么样的果来。花间流连半个月左右。幼果也悄悄地探出了小脑袋。

　　此时，许多树上，去年的果还依然艳丽。有些是旧识，有些是新人，最欣喜的莫过于旧识又换了新颜，而老鸦柿往往就会给你带来各种各样的惊喜。

不同阶段的老鸦柿果实

树性比较特殊的老鸦柿品种，抽条迅猛，结果都集中在主干附近

7~8月的老鸦柿果实，基本已经定型

　　当然，偶尔也会有惊吓。老鸦柿是多变的，同一棵树，会因为年成不同、养护环境不同、养护状态不同，而导致结果状态与去年不同。至于这种变量要如何去控制，或者如何把变化往好的方向去引导，这就需要我们在养护中去细心体会。

　　熟悉每个品种的特性，积累经验！用心体会，你终会得到自己想要的！我坚信一句话：时间花在哪里，收获就在哪里！

　　5月，天气转暖，幼果也基本脱去苞衣，露出娇小的身形了，这时候的鸦果（玩家都把老鸦柿的果实趣称"鸦果"）越来越令人着迷。

因为此时的果子，变化太快，一转眼，它就大了一圈。

再一转眼，又大了一圈。形状也在不停地变化，各种品种特性开始竞相呈现，不停变换。

这样的变化一直持续到6月，这一段时间，人们都如痴如醉。

一有时间，就会想着去看一看，又有怎样的新变化。

7~8月，是鸦果的疯狂膨大期，也是疫病多发期，此阶段，也是大量浇水施肥的时候，"养鸦人"（老鸦柿玩家的昵称）一年最辛苦的时间也就这2个月了吧。

顶着太阳，冒着酷暑，忍着蚊叮，耐着虫咬，含辛茹苦，尽心尽力地侍候着我们的宝贝，孕育着希望，看着枝头长着越来越丰满的果实，别有一番滋味在心头。

入秋，果实开始变色

9~10月的老鸦柿果实

最炎热的2个月熬过去了，到9月，温度开始转凉，一些着色早的鸦果颜色已经开始出现端倪。

老鸦柿的转色也是多种多样的，有些初色是较深的，比如青转红系的，刚开始转色往往是深暗的酱色，后期才会慢慢显红，这可能是花青素转换的一个过程。

壹

老鸦柿的魅力

　　而有些红色系的果，刚开始转色的时候是褪青，此时果色看起来会显得偏淡，随着气温逐渐降低，昼夜温差逐步增大，颜色会逐渐显现出来，渐渐地显出本色来。

　　这也就是我们一年一度挑灯观"鸦"的季节来了，此时的我们忙了一天，晚饭过后，往往又迫不及待地拿上手电，点上一支香烟，匆匆忙忙逛"鸦"园去了。此时的鸦果，不夸张地说，颜色一天与一天不同，说不出具体的变化，但心里明白跟昨天就是不同。

　　眼睛沉醉在眼前的风景里，心里在期盼着明天会更好！

　　就这样享受着，期盼着，也煎熬着，忐忑忑忑。

　　到10月了，此时的鸦园，依然是郁郁葱葱，依然是绿肥红瘦，果子如精灵般躲在绿叶中。

浅秋与深秋，老鸦柿果实的不同表现

雨后的鸦果

    此时的我们，最热衷的事恐怕就是去拨开一棵棵树的枝叶，找寻着那一颗与往年不同的果，偶尔会找到一个不一样的新品种，或是欣喜或是失落都算是一种收获。而最开心的莫过于老熟人出落得比去年更漂亮，更好看了。这也说明自己的养护技术、管理经验又有了提高。说明了自己的摸索，学习有了收获，树的状态更好了，自己也进步了！

    11月秋凉了，树叶黄了，有些落叶早的树已经开始落叶，此时的果越发鲜艳，黄的清冽，红的靓丽，黑的闪亮，紫的夺目。

    有些表现突出的品种，美得让人心悸，整个秋季，乃至隆冬时节，每到夜晚，虽然更深露重，但多少鸦园里电灯光在流连徜徉。露水打湿头发、衣裳，却褪不去那一腔热血和满心欢喜！

    终于等到树叶基本都落完了，此时的老鸦柿也敞开胸怀，将她的妖艳、美丽尽情地绽放在人们眼前，金雕玉刻，琼楼玉宇，流光溢彩、老树昏鸦……各种各样，各形各态！

壹

老鸦柿的魅力

此时的鸦园，真是应了"此景只应天上有，人间哪得几回闻"这句话。

此时的玩鸦人，庭院里，厅堂中，书房内，茶桌上，处处有鸦赏，天天陪果玩，不亦乐乎！

如果天公作美，下一场早冬的雪，雪中赏鸦又是别有一番情趣。而隆冬时节，在室内摆上几盆鸦景，流光辉映中，泡上一壶好茶，又哪里还是冬天！于是，心情也会变得温暖起来！

老鸦柿，一年四季，变换不断。充满了不确定性，正是这种不确定，多样化，才让玩鸦者充满了期盼、向往，在鸦道上，满腔热血，一往无前！

左图：老鸦柿在古朴装修氛围中，特别应景

右图：日本老鸦柿品种：梦之雫

老鸦柿的前世今生

众所周知，老鸦柿原产于我国，属我国特有树种，分布于浙江、江苏、安徽、江西、福建等地，生于山坡灌丛或山谷沟畔林中。

山野原生态的老鸦柿

野生状态的老鸦柿

老鸦柿一般身形纤瘦，体态嶙峋，风骨孤傲，树性老而弥坚。

老鸦柿挂果时间较长，从幼果期至最终落果时间算的话，整个挂果期可长达7~8个月。

秋冬时节，草木枯寂，枝头的果实便为鸟兽所果腹，解决了它们冬季的生存所需。

落叶飘零化为尘，腐烂以后，又成为自身来年生长所需的养分。

而其扎根于山坡上、崖缝中、溪涧旁，不与庄稼抢地，不与栋梁争光，力所能及地与万物默默地生长，和光同尘，与时舒卷。

老鸦柿品种丰富，果形优美，观赏性强

　　我国盆景业发展状态之前一直处于不温不火的地步，而老鸦柿，也一直没有受到重视。老一辈盆景艺术家，虽有采用，也仅选择粗壮霸气的雄树，并没有关注到老鸦柿虽属杂木，但更应归纳入观果盆景范畴的事实。

　　将其归入杂木，与传统的杂木素材雀梅、榆树等去比较，老鸦柿的劣势是显而易见的，所以在我国盆景发展史上，老鸦柿盆景一直没有受到应有的重视。

　　"二战"时期，日本从我国得到这个物种，立足于观果的角度，栽植培育了几十年。培育出了一百多个优良品种。

　　随着中日贸易的发展。日产老鸦柿回流到国内，惊醒了一众国内盆景爱好者！调整思维，换了角度重新审视老鸦柿，才发现这个物种拥有的迷人魅力。

　　随着国内经济的蓬勃发展，盆景艺术圈内涌现出一大批优秀盆景艺术家。盆景技艺创作技法更是不断获得提高，老鸦柿的创作技法不断获得创新。

上图：小清新
左下图：野外老鸦柿妖娆身姿
右下图：珍稀的老鸦柿大型桩

　　国人更是注意到了老鸦柿果品品种繁多的特性，通过野外采集、园圃培育等途径，不断获得新的品种。到目前为止，国内逐步面世的品种已多达千种。极大地丰富了老鸦柿的观赏性，提升了观赏价值。为老鸦柿盆景市场的繁荣发展打下了坚实的基础。

老鸦柿皮实的特性——喜阳，耐阴，喜水耐涝，简单地说就是老鸦柿非常好养，好活，无论是新手还是以前没怎么关注过老鸦柿的盆景老玩家，都非常容易上手。种上一棵树，稍微花点时间打理一下，过个三年五载，也很容易就出彩了。这样能够极大地鼓舞"养鸦人"的信心，坚定对盆景的信念。

左图：袁泉作品
右图：虞露露作品

老鸦柿
野外生长特性

　　老鸦柿的灌木特性注定了是以丛生为主。而它的繁殖特性，又决定了它在野外主要以根系萌芽为主。也就是说，一个种群，基本上都是同根生。这个种群原来只有一棵树的，经过了很多年的生长繁衍，才长成了一丛。

老鸦柿典型的野生环境

野外的老鸦柿

　　这也就解释了为什么老鸦柿一个种群基本上全部是雌树或者全部是雄树，而全种群又是同一个品种。

　　当然，也有部分是雌雄混生，或者是单独一个种群有不同的品种夹杂的情况发生。原因我后面会说，但是这种概率是极低的。

　　理论上来说，当一粒种子，偶然来到一个适合发芽生长的地方，开始发芽生长，经过若干年的生长，通过根系不断地萌芽繁殖，形成了一小片灌木丛。

　　某一年，部分树龄足够的树上开了花，结出了果。又经过大半年的生长，秋季果实开始成熟。

　　天越来越冷。有一天，开始落叶了，当大部分叶子落下时候，树上基本只剩下了果子，这也是老鸦柿一年中最漂亮的时候。这时候，落叶也把树丛里盖上厚厚的一层。

冬一　老鸦柿野外生长特性

017

野外老鸦柿落叶状态

天太冷了，野外已经找不到足够的食物，而鲜艳的果实吸引了鸟儿的目光，饥不择食的鸟儿成群飞来，争抢着枝头的鸦果。

有部分果实的种子掉到了树下的落叶上，大部分的种子进了鸟儿肚子。这部分种子会被鸟儿带到别的地方。这也就是我们所说的"飞鸟传播"。

如果那个地方适合生长，若干年后，在那个地方便会形成一个新的种群。

而落在树叶上的种子，在入夜以后，大部分会被啮齿类动物找到，并被收集到洞穴里，成为那些动物过冬的食物。

即使没有被捡走的，也因为有落叶阻隔，接触不到泥土，而逐渐腐烂，基本上不会有发芽的机会。

野外老鸦柿组图

　　所以，在固有种群内，鲜有种子能顺利发芽生长，这也就在极大程度上保证了种群的单纯性。

　　而假如有极个别种子能够发出芽来，又能顺利长大成树，才能进而形成雌雄混生林，或者多品种混生林。

　　一个种群的形成，少则十几年，多则几十年。资源宝贵，大家且采且珍惜！

老鸦柿的野外分布状态及其区域特性

老鸦柿一般分为高山植株和小山植株。

高山植株大部分分布于皖南，浙江、福建、江苏一带的高山地区，而高山大桩石头鸦，又大部分

袁泉作品

选用小山泥鸦素材制作的小品老鸦柿盆景

分布于高山陡坡向阳或者两山夹岙，因雨水水流冲刷造成小型泥石流，经过多年滚石堆积形成的石堆石浪处。而江苏大部分地区，湖南、湖北局部地区，基本都是小山植株（泥鸦）。当然，这两种类型的老鸦柿在原产地也都有分布，这里表述的是指代表性的，不是绝对。但这奠定了高山石鸦个体普遍较大，小山泥鸦个体普遍较小的基础。

20世纪六七十年代，我国处于极端困难的岁月里，大部分能够种植的土地都被开垦出来种植了庄稼，皖浙地区的高山石堆上，幸存了部分的老鸦柿，也基本都是飞鸟传播繁衍的。

这部分老鸦柿，当年躲避了被砍伐的命运，才有机会长得足够大。而其他地方分布的小山品种，其本都是80年代后才慢慢长起来的，而小山坡上分布的砍柴桩，也仅仅是因为它生长的地方不适合种植，但也逃不了每年被砍去当柴火烧的命运，常年不见果。也失去了很多种子发芽，甚至变异出新品种的机会。

园圃随植的老鸦柿

　　高山地区，生长繁殖不易。因为食物匮乏，飞鸟较少，长时间以来生殖循环比较困难，普遍品种比较单一，所以依靠杂交，依靠籽出苗变异出新品种的概率不高。

而小山地区，种群多，杂交概率大，而且小山处一般紧邻农田、村居，食物来源比较丰富，也吸引鸟群居留，进而使得老鸦柿种子飞鸟传播繁殖比较容易实现，所以出新品种的机会多。但是小山的树，大部分是20世纪80年代以后才有机会长起来。因为在80年代以前，自然物资比较匮乏，大多数老鸦柿都被砍去当柴烧了，根本没有机会结果。造成野外籽出苗成林概率、杂交变异出新概率也降低了很多，甚至断代很多年。所以老鸦圈说品种无大桩是有一定道理的。当然也有例外。

所以山采品种很多是孤品，只有一棵母树，那是因为生长的年限短，还没有来得及繁殖出种群。

左图：高山石鸦素材
右图：袁泉作品

老鸦柿的主要繁殖方式

　　老鸦柿的繁殖方式有很多种。传统一般分为有性繁殖与无性繁殖，山采不能算作繁殖方式，只是一种获得方式。并且因为山采对资源、对环境有巨大的破坏，这里就不介绍了。

　　顾名思义，有性繁殖必须是有雌雄体的共同参与，即雌雄花授粉结实，再选用这些果实的种子进行籽播。

选育的果实

老鸦柿种子

籽播　籽播的繁殖方式，母本与父本的基因都起了作用。所以籽播出来的后代，长相各异也就正常了，毕竟人类夫妻的孩子，有男有女。后代长得不跟父母完全一样都完全正常。而品种的演变，乃是由籽出苗的基因变化来实现的！籽播选用优质品种的种子来进行播种，获得优秀品种的概率会大幅度增加。

如果想有意识地定向繁殖，最好能留意一下雄树，品种区的雄树不要放太多太杂，最好能选择一些有特点的雄树。如果有条件能够做到在密闭环境中，有针对地一对一进行授粉，那当然是最理想的。

籽播选用当年成熟的种子，洗干净晾干后密封保存，也可以放在冰箱中保存，注意防潮防霉。来年3~5月播种。播种前最好能用保温设备进行催芽。具体方法为：选用小型保温设备，种子用水浸泡1~2天，吸透水分以后用湿布或湿纸包裹，放入保温箱，温度设定在26~28℃，催发芽胚顶出外壳以后进行播种育苗。催芽的方式有许多种，大家可以自行选择。育苗最好选择10cm左右营养钵或其他容器，选择疏松透气的土壤，也可以自己配制基土。

我们常用的配方为：山砂50%，泥炭35%，珍珠岩15%。此配方配出来的土，疏松透气，保湿、保温效果都相对较好。在营养钵中放入一半基土以后，放入种子，再盖上3cm左右表土，浇透水。如3～4月播种，最好再盖一层塑料薄膜，以防倒春寒发生冻害造成回芽。清明以后温度稳定在20℃左右时，再除去薄膜。

当小苗发芽达80%以后用磷酸二氢钾喷施叶面，注意浓度不能太高，保持每月1次，期间注意观察及时除虫除菌，除菌可以用多菌灵等广谱杀菌药，同样要注意浓度配比。一年过去，小苗基本可以长到30cm高，此时要及时套大盆，间苗，套大盆用同钵内配方土壤，将原有营养钵撕掉，也可以直接放入大盆。直接连钵栽入更容易获得理想的根基。套大盆时，也可以按照自己想要的形状给小苗上丝打弯做出造型，套完盆以后，重复第一年的养护。这样再经过2年的生长，小苗基本都可以见花了，此时可将大部分雄株挑出作砧木，表

籽播苗（杯播）

现特殊的单独培养。雌株就要好好观察苗子的品种特性及表现了。一年观察下来，如第二年依然稳定，基本上可以确定品种了。如不稳定，再继续观察，在这个过程中，一定要做好记录工作。

籽播的主要作用。我认为还是应该定性为培育新品种以及培养砧木为主。想要直接获得大量的商品雌株，不太现实。我们多年观察下来，籽播的苗，雌雄占比达到2∶8。

嫁接 应该是优秀品种大规模快速复制的一个重要手段。培养出一个优秀品种，一般一个品种的母本只有一棵。想要快速大规模繁殖，唯一的办法就是嫁接。老鸦柿因为皮层薄，嫁接难度较大。但就目前的技术而言，只要季节合适，养护得当，成活率还是可以做到80%～90%的。嫁接使用生长健康、长势良好的砧木，接穗采用当年萌发的新条，嫁接最合适的季节为每年的6～7月。嫁接前一个月，砧木及需要取条的雌树都不要施肥打药。嫁接完成的桩子，在当年接穗未抽条前最好也不要施肥打药，肥

表现优异的小苗

和药会对虚弱的树造成一定的伤害。这与中医的虚不受补的理论是契合的。嫁接完成后，需遮阴养护，不同的嫁接方法，可能流程都不一样，我们采用的比较多的是缠膜套袋的方法。在嫁接完成40～50天，接穗基本都已开始抽条。此时要进行拆袋的工作，拆袋不能一次性拆掉，要先开窗透气炼苗。等接穗适应以后，再选择在阴雨天进行拆袋，拆袋完成以后，部分接穗依然会出现不适应打蔫的现象。要注意观察，及时喷水加湿降温。一般夏天过去，接穗也就基本稳定了，此时可以略施一些秋肥，补充一下养分就可以正常养护了。有部分品种接穗在次年是可以开花结果的！

高压　是需要一定的母本数量的，高压相对比较简单。高压可以快速获得比较成熟、丰满的原生树，因此在品种复制方面，也是个不错的选择。另外如果树养得比较旺，每年会萌发出许多徒长枝，对这些徒长枝进行高压处理，可以避免浪费。选择想要进行高压的枝条，在合适的部位进行环剥。环剥部位的宽度视枝条粗细来决定，一般控制在2～3cm。过窄不利于开根，过宽有可能造成高压条死亡。当然造成高压失败的原因还有很多，但是环剥宽度是否合适是比较主要的原因之一。高压的时间最好选择在清明以后，树体生长开始趋旺，温度也开始回升，并相对稳定，4～6月都可以进行。但总的来说，宜早不宜迟。因为生根需要一定的时间。环剥以后，用黑色塑料袋，普通垃圾袋就可以，在环剥处下方2～3cm处扎紧，填入基质，充分将环剥部位包裹填实后将塑料袋收紧形成一个球体。要注意的是基质球包裹一定要紧实。高压用的基质，我们是用的低盐椰糠，泡透水，填入的时候将多余水分控干，保证湿润不滴水即可。基质球包裹完成以后，一般不需要再进行补水。基质的选择还有水苔、砂土，甚至田园土，这些基质我们没有去尝试，有兴趣的朋友可以试试。一般经过2～3个月的生长，环剥部位都会顺利开根。等根生长到比较茂密，此时差不多在8～9月，可以将高压条剪下进行单独培养了，一般都可以直接上盆。但突然断奶，再加上此时天气仍然比较炎热，因此遮阴喷水补湿还是十分必要的。如果枝条过于茂密，可以适当修剪。这样养护一个月左右基本就可

高压成功的状态

以正常服盆了。高压球"断奶"时间尽量不要拖过10月以后，温度低了不利于服盆。更要避免在雌树上过冬，在雌树上过冬很容易冻坏根系。此经验参考地区为江苏中部，长江以南区域。别的区域可以根据当地实际情况调整作业窗口。

切根繁殖 基本同分根苗是一个道理。唯一需要把握的是不要把母本弄坏就可以。

其他繁殖方式 比如细胞繁殖，组织培养什么的。当然也是可以的，只是性价比可能不是特别合适。另外，老鸦柿树体含单宁物质，要进行组织培养繁殖，难度也是较大的。

至于扦插，就不多介绍了。而且我们发现，老鸦柿扦插苗很难养护，而且恢复慢。想要复果，甚至都赶不上根培苗的速度。当然这个因人而异，因地区而异。也许有的朋友能够做得很好。对于这个问题，具体见下节。

老鸦柿的扦插

　　本来不想说扦插，考虑到老鸦柿优良品种原生雌株的大量培育需求，所需要采用的繁殖方式里，扦插是绕不过去的一种方式，还是说说吧。扦插是一种比较传统的繁殖方式，属于无性繁殖的一种。可以完全复制原有母本的基因特性。优点是可以快速大量繁殖，繁殖成本较低。缺点是老鸦柿扦插苗成活率相对较低，养护难度略大。不同的树种，扦插繁殖有各种各样的做法和经验，但是对老鸦柿而言，目前还是相对欠缺的，在这里说一说我们采用的方式。

扦插苗养护较难

扦插成活率明显偏低

　　老鸦柿含有单宁物质，此物质有一定的抑制生根的作用，如何有效减少单宁的存在，对扦插成活率来说是十分重要的。我们的做法是选用一年生以上老枝条，按10cm左右长度剪枝，顶端位置最好留1～2个隐芽，同时保证顶端留一叶。剪段后放在含0.5%酒精的清水中浸泡5小时左右（此程序可以尽可能降低枝条内的单宁物质含量），取出后放进生根剂溶液中浸泡5分钟后取出，用1～3mm赤玉土作为基质，将枝条插入，插入2/3左右为宜，插完以后浇透水放入荫棚静养。期间不定时对枝条进行喷雾加湿，盆土水分不宜太大，太大反而对生根不利，棚内温度最好控制在25～30℃，如果温湿度控制比较理想，30～40天即可来芽开根。但因为新根较弱，叶面补水还是必要的！当插条芽点开始抽条以后，可以用磷酸二氢钾等叶面肥进行叶面喷施，注意配比一定要轻，扦插苗初始普遍较弱，虚不受补的道理想必都懂。

　　扦插过程中有一点务必要注意的，生根剂大都属于激素类物质，用量宁少毋多，用重了后反而会抑制生根！

嫁接老鸦柿

图、文：中国盆景艺术大师吴吉成

我很喜欢老鸦柿盆景，特别是那结满果实的喜庆模样。下图是我培育 10 余年之久的一棵老鸦柿首次果实爆盆的盛景，十分喜人。然而，从买桩到最终培育成景到硕果累累，可是费了好一番周折。

吴吉成作品

2004年，我看上了一棵老鸦柿雄桩，十分喜爱它天然生成的树型和根盘，觉得非常漂亮，于是就买下了它。

2005年，为了让雄桩能结果，也为了改良品种，我开始实施嫁接。虽然当时还不懂嫁接，但我依然踌躇满志地嫁接了一次，一口气接了100多个接穗。结果由于技术不成熟，主要是时间没掌握好，赶上了梅雨季，最终所有接穗全军覆没。

经历了这次惨败，我开始认真学习有关嫁接的知识，特别关注其中的规范和禁忌，又向周围盆友请教嫁接经验，特别是一些细节的操作方法，终于在2007年嫁接成功了。

这里我用一个完整的过程介绍一下嫁接老鸦柿的经验。并非2007年那次嫁接过程，而是以其他老鸦柿来展示。

首先，嫁接老鸦柿的最佳时间是农历二三月，也就是惊蛰过后。准备好嫁接所需工具，包括修枝剪一把、锋利小刀一把、塑料膜一卷、胶带一卷、塑料绳一卷（图1）。

我采用的是小枝插接法。首先挑选与砧木枝条匹配的接穗，品种我选的是自己很喜欢的辣椒红，各位盆友可以根据自己的喜好选择。砧木枝条粗度一般以1cm左右为宜，接穗粗度要小于砧木粗度，即使用比砧木细很多的枝条嫁接，也不影响成活，我用的就是较细的枝条。因为嫁接后接穗比砧木长得快。

接穗选好后剪下（图2），长度因人而异，短一些更有利于成活。

1　准备好嫁接所需要的工具

2　选好接穗剪下备用

③ 用嫁接膜或保鲜膜把接穗缠绕得不透气

④ ⑤ 把接穗的头削尖削平

⑥ 用剪刀剪掉多余的砧木枝条

　　从成活的角度看，长5～8cm更易于成活和保湿。剪下后用塑料膜缠绕包裹，以利于接后保湿（图3）。

　　然后把接穗下端两面削尖，一面长一面短，形成楔形，长的一面大约长1.5cm。务必要削平，切削时刀要快，一刀到底，中间尽量不要停，最好一刀切好（图4、图5）。

　　随即用剪刀剪掉砧木枝条上部，留取的长度随意，依据未来的造型而定，与成活无关（图6）。

　　接着用刀在砧木外侧切开一个口，

7 用刀把砧木切开一个口

8 把接穗插入砧木

9 10 用丝裂带和薄膜纸密封所有切割表面

深达木质部，长2cm左右（图7）。

　　然后把接穗插入砧木（图8）切口中，长的切面朝里，以尽可能多地与砧木接触。插入深度以深一些为好，最好与砧木切口完全贴合，不留空间。

　　接好后立即用塑料带绑扎牢固，并用塑料薄膜把所有切割表面缠绕包裹，使其密封良好。这样一则保湿，二则防止细菌和雨水等进入，利于成活。等过了夏天，即可松开绑扎物，正常管理了（图9、图10）。

　　按照以上方法，2007年我终于嫁

⑪ 2007年3月，嫁接成功

⑫ 2008年的状态

⑬ 2011年4月，经3年的放养，小枝已具备

⑭ 2012年，蟠扎、造型的效果

接成功（图11）。

又经过8年的地栽放养，悉心照料以及多次的修剪、蟠扎、造型，这株老鸦柿一步步走向成熟（图12～图14）。

2015年，还未上盆的它首次挂果（图15），果量虽不多，但单果较大，给了我十足的信心。

2016年上盆后，由于管理精心，植株生长十分健旺，到2017年秋天大量坐果。原本计划疏果，但因想看一看10年心血换来的果实爆盆的盛景，终究没舍得摘。

这属于我的累累硕果，红红火火，透出一派吉祥喜庆气象。

15

老鸦柿的品种区分

　　历经多年的野外发现、采集、园圃杂交培育，我至今已收集积累了1000多个老鸦柿品种，从颜色到形状都非常丰富。其中适合赏玩的优秀品种有300多种。为了便于大家选择、收藏、记录，我整出了一套老鸦柿品种分类的方法。

品种分类不外乎几个规律。

1. 红色系列

鲜红（业内称鲜血红）：以国旗色为例，鲜红比国旗红略深，光泽好，反光度强，透明度好。

紫血红：比鲜血红更深。

朱红：相当于国旗红。

橘红：朱红偏黄。

橙红：橘红偏黄。

红斑：一般出现较深的红果，斑点面积大，边缘清晰，全果不规则分布。

　　个别品种斑点有凸起感，斑点果又分鹌鹑斑与麻雀斑，鹌鹑斑斑点分布在果子的头颈部位，颈部以下干净无斑。

　　麻雀斑则全身都有。

　　也有一种斑是生长在果子底部的，不知道应该怎么形容。

红麻：红色底色上密布细麻点。

水墨斑：一般发生在红底色品种上，斑点如水墨晕染效果，没有明显边界。

红底黑星：斑点面积小，一般小于0.5mm直径，但颜色较深，光泽较亮，红黄底色均有。

2. 黄色系列

　　浅黄、柠檬黄、明黄、比较淡雅，
温和的黄色，一般比较干净，偶尔有
黑斑或黑星。

金黄：略深于浅黄，金属感强，光泽好。

　　蜜蜡黄：相较于金黄，色调偏红，
醇厚，温润，一般色泽都比较好。

暗黄：色调偏暗，看起来不干净，沉闷，野外分布最多，最常见的果色，易发黄麻。

黄曼巴：暗黄底色大黑斑，黑斑
多隆起，果实衰败更明显。

3. 紫色系

深紫色：比紫血红更深，一般光泽度较好。

紫电色：浅于紫血红，但果色泛
出明显电光色。

紫酱色：紫色调，色相偏暗。

4. 黑色系

墨系，一般为纯黑，光泽度高。

色系太复杂，很多微妙的色彩变化只能用肉眼去感受。毕竟肉眼的分辨率要比现有的电子影像设备高太多！所以在书面上只能大概归类，无法完全概括，慢慢完善吧。

　　果形：果形无非就是长果和圆果。但就这长和圆两个字，在概率上也是千变万化的。

1. 长果系

　　长宽比≥1.5：1。

　　辣椒果：长果，无明显收腰，有明显的尖。成熟或略有腰线，但明显上宽下尖。辣椒果一般为不授粉无籽果实，一般树上此类果占比达80%以上可以定性为辣椒果。如占比明显低于这个比例，那充其量为葫芦果或者花生果，甚至是圆果品种。

花生果：腰线居中，上下比例接近１：１。

葫芦果：腰线靠上，明显上小下大。

弹头形：无明显收腰，收尖圆。

长圆形：无腰线，上下都圆。

2. 圆果系

长宽比 ≤ 1.5/1。

椭圆形：长度略大于宽度。

各种变异果

正圆形：就像太阳一样。

扁圆形：长度小于宽度。

当然。还有一些不规则的果形，就不一一举例了。果形、果色是最直观的区分品种的依据。

但无论是形还是色，都存在着一定的变量，年成的关系、养护水平、养护环境、甚至光照量的变化、区域环境

各种变异果实

不同品种的果萼

的差异，都会造成果色、果形发生一定变量的存在，并不是一成不变的。这也是最容易发生争端的地方，在这一点上，如涉及交易，卖方要良心，买方要理性。

除开最直观的果形、果色，萼和叶也是重要的判别品种的依据。

果萼的表现

一些品种比较特殊的果萼表现

这是2021年籽播选育种群中发现的，果萼比较奇特，不知道果实会是什么样

　　萼的种类特性对于果来说相对稳定，但也有个别会发生变化，只是变化概率相对较小。而叶，应该说是品种特性最为稳定的，这里说的是叶的形状。

不同叶性的对比

上图：巴掌大的叶
下图：假性革质叶

不同品种，不同的叶性，
区别非常明显

变异的叶

有的品种，因为温度或者肥料成分的区别，开春的时候会偶尔呈现出泛紫现象，但并不稳定，稳定的品种另当别论。

变异的果

所以叶色不作为依据，叶的形状才是非常稳定的。当然，是要在树体健康的情况下。

也就是说，两棵树同样的叶形，果形、果色略有差异，那这两棵树可能是同一品种。

但是两棵树果形、果色接近，但是叶性完全不同，那这两棵树肯定不是同一品种，果形、果色相同也只是巧合罢了。

各种变异果

　　总而言之，之所以区分品种，一个是便于区分记录，另一个目的无非是区分喜欢与否，为了便于让大家找到自己喜欢的品种赏玩而已。

　　另外，老鸦柿还会经常出现变异的情况，但只要不是因为基因而导致的稳定性变异，均不能算作稳定的品种。这其中包括多季结果现象。

　　所以，经常会有朋友跟我说："老彭，介绍几个好品种给我玩玩。"听到这种话我无言以对。因为品种这些对我来说，没有好与不好，只有喜不喜欢。

秋花

　　喜欢就是好的，心爱的就是最好的！一个品种对不同的人来说并不见得评判结果会一样。所以，一个品种是不是好品种，只能是个客观表述，谁也不能妄下定论！

老鸦柿品种选粹

近十多年来，经国内的老鸦柿爱好者不断探索、发现、收集、培育，目前国内共收集、培育老鸦柿品种 1000 多个；其中各种性状优异、表现夺目的优品精品比比皆是。为广大鸦柿爱好者提供了广阔的资源和充足的选择空间。在这里，我们整理出了部分品种果图以供大家鉴赏。

丰果品种

1 . 欲滴

　　中小果型，近心形，小花萼。青转红色系。色彩浓郁，鲜艳明亮。全程娇艳欲滴。

果形		型		果色			转色	斑	麻	萼	叶	熟	衰	肥	药	通风	光照
尖	长	圆	大	红	黄	黑	渐变	大	无	小	大	早	早	大肥	勤施	必要	全程全光
心	椒	正	中	紫	浅	斑	青转红	中	有	大	中	中	中	控肥	偶施	不必要	生长期全光
桃	葫	扁	小	艳	深	纯		小	偶	长	小	晚	晚		不施		成熟期适量
锥	卵	卵	巨	橘	蜡			偶	状态	飞	长	超晚	超晚				全程遮网

2. 静若安澜

金黄色辣椒果，从果形到果色都很温润，不喧嚣，没有侵略性。如邻家女孩，静若安澜！

果形		型		果色			转色	斑	麻	萼	叶	熟	衰	肥	药	通风	光照
尖	长	圆	大	红	黄	黑		大	无	小	大	早	早	大肥	勤施	必要	全程全光
心	椒	正	中	紫	浅	斑		中	有	单	中	中	中	控肥	偶施	不必要	生长期全光
桃	葫	扁	小	艳	深	纯		小	偶		小	晚	晚		不施		成熟期适量
锥	卵	卵	巨	橘	蜡			偶	状态		长	超晚	超晚				全程遮网

3. 偏爱

果形大多较偏，果色明艳。变色期色泽较深。整体感觉俏皮靓丽，活泼灵动，独享偏爱！

果形			型	果色			转色	斑	麻	萼	叶	熟	衰	肥	药	通风	光照
尖	长	圆	大	红	黄	黑	青转红	大	无	小	大	早	早	大肥	勤施	必要	全程全光
心	椒	正	中	紫	浅	斑		中	有	单	中	中	中	控肥	偶施	不必要	生长期全光
桃	葫	扁	小	艳	深	纯		小	偶		小	晚	晚		不施		成熟期适量
锥	卵	卵	巨	橘	蜡				偶	状态	长	超晚	超晚				全程遮网

4. 风尚

果形较为一致，果色明艳。整体外形像"尚"字。但独用"尚"显得太自负，尽管也有这个底气可以自负，终究觉得有点不妥，所以加了个风字，让整体名称听起来中性化一点。

果形			型	果色			转色	斑	麻	萼	叶	熟	衰	肥	药	通风	光照
尖	长	圆	大	红	黄	黑	青转红	大	无	中	大	早	早	大肥	勤施	必要	全程全光
心	椒	正	中	紫	浅	斑		中	有	单	中	中	中	控肥	偶施	不必要	生长期全光
桃	葫	扁	小	艳	深	纯		小	偶		小	晚	晚		不施		成熟期适量
锥	卵	卵	巨	橘	蜡				偶	状态	长	超晚	超晚				全程遮网

5. 潋滟

惊艳了全程的转色，后期也没有让人失望。潋滟鸦海，说不尽的软玉温香，道不完的缱绻旖旎！

果形			型	果色			转色	斑	麻	萼	叶	熟	衰	肥	药	通风	光照
尖	长	圆	大	红	黄	黑	青转红	大	无	中	大	早	早	大肥	勤施	必要	全程全光
心	椒	正	中	紫	浅	斑		中	有	飞	中	中	中	控肥	偶施	不必要	生长期全光
桃	葫	扁	小	艳	深	纯		小	偶		小	晚	晚		不施		成熟期适量
锥	卵	卵	巨	橘	蜡				偶	状态	长	超晚	超晚				全程遮网

6. 拈花一笑

红鸾的异种，从红鸾种群中挑选分离出来的。果形明显比红鸾敦厚温和。萼片也比红鸾略大。其他性状与红鸾基本相同。形态整体安静祥和，如佛陀拈花，尊者破颜！

果形			型	果色			转色	斑	麻	萼	叶	熟	衰	肥	药	通风	光照
尖	长	圆	大	红	黄	黑	青转红	大	无	中	大	早	早	大肥	勤施	必要	全程全光
心	椒	正	中	紫	浅	斑		中	有	飞	中	中	中	控肥	偶施	不必要	生长期全光
桃	葫	扁	小	艳	深	纯		小	偶		小	晚	晚		不施		成熟期适量
锥	卵	卵	巨	橘	蜡				偶	状态		长	超晚	超晚			全程遮网

7. 贵妃醉

体态丰腴，色泽明艳靓丽，如贵妃微醺，洗去胭脂妆更浓！

果形			型	果色			转色	斑	麻	萼	叶	熟	衰	肥	药	通风	光照
尖	长	圆	大	红	黄	黑	黄转红	大	无	中	大	早	早	大肥	勤施	必要	全程全光
心	椒	正	中	紫	浅	斑		中	有	角萼	中	中	中	控肥	偶施	不必要	生长期全光
桃	葫	扁	小	艳	深	纯		小	偶		小	晚	晚		不施		成熟期适量
锥	卵	卵	巨	橘	蜡				偶	状态	长	超晚	超晚				全程遮网

8. 嘉年华

渐变青转红，清秀葫芦形。一致性好。变色完成以后色彩浓厚，氛围热烈，秀色满堂如嘉年华盛会。争奇斗艳，热闹非凡！

果形			型		果色			转色	斑	麻	萼	叶	熟	衰	肥	药	通风	光照
尖	长	圆	大	红	黄	黑	渐变	大	无	中	大	早	早	大肥	勤施	必要	全程全光
心	椒	正	中	紫	浅	斑		中	有	平	中	中	中	控肥	偶施	不必要	生长期全光
桃	葫	扁	小	艳	深	纯		小	偶		小	晚	晚		不施		成熟期适量
锥	卵	卵	巨	橘	蜡			偶	状态		长	超晚	超晚				全程遮网

9. 寿桃

桃形果，果型偏大。一致性好。青转酱转红转紫。光泽度好。寿桃，吉祥如意物！

果形			型	果色			转色	斑	麻	萼	叶	熟	衰	肥	药	通风	光照
尖	长	圆	大	红	黄	黑	青转红	大	无	中	大	早	早	大肥	勤施	必要	全程全光
心	椒	正	中	紫	浅	斑		中	有	翅	中	中	中	控肥	偶施	不必要	生长期全光
桃	葫	扁	小	艳	深	纯		小	偶		小	晚	晚		不施		成熟期适量
锥	卵	卵	巨	橘	蜡			偶	状态		长	超晚	超晚				全程遮网

10. 鸦之巅

中小型果，葫芦形，端庄优雅，变色丰富，色泽鲜艳夺目，最佳时期可达鸦色之巅。

果形			型	果色			转色	斑	麻	萼	叶	熟	衰	肥	药	通风	光照
尖	长	圆	大	红	黄	黑	青转红	大	无	中	大	早	早	大肥	勤施	必要	全程全光
心	椒	正	中	紫	浅	斑		中	有	飞	中	中	中	控肥	偶施	不必要	生长期全光
桃	葫	扁	小	艳	深	纯		小	偶		小	晚	晚		不施		成熟期适量
锥	卵	卵	巨	橘	蜡			偶	状态		长	超晚	超晚				全程遮网

11. 飞天

大果型，授不授粉都漂亮。色泽鲜艳明亮。对肥力要求较高。萼片飞翘灵动，如天女持练当空舞。

果形			型	果色			转色	斑	麻	萼	叶	熟	衰	肥	药	通风	光照
尖	长	圆	大	红	黄	黑	黄转红	大	无	大	大	早	早	大肥	勤施	必要	全程全光
心	椒	正	中	紫	浅	斑		中	有	角萼	中	中	中	控肥	偶施	不必要	生长期全光
桃	葫	扁	小	艳	深	纯		小	偶		小	晚	晚		不施		成熟期适量
锥	卵	卵	巨	橘	蜡			偶	状态		长	超晚	超晚				全程遮网

12. 爵迹

中型果，中规中矩，端庄优雅。色泽明艳靓丽。观赏期长。

果形		型		果色			转色	斑	麻	萼	叶	熟	衰	肥	药	通风	光照
尖	长	圆	大	红	黄	黑	青转红	大	无	中	大	早	早	大肥	勤施	必要	全程全光
心	椒	正	中	紫	浅	斑		中	有	飞	中	中	中	控肥	偶施	不必要	生长期全光
桃	葫	扁	小	艳	深	纯		小	偶		小	晚	晚		不施		成熟期适量
锥	卵	卵	巨	橘	蜡			偶	状态		长	超晚	超晚				全程遮网

13. 抱朴归真

中大果型，非典型葫芦形。变色前质朴无华，变色开始展现真我。色泽明艳，后期泛紫色，光泽更高。

	果形		型	果色			转色	斑	麻	萼	叶	熟	衰	肥	药	通风	光照
尖	长	圆	大	红	黄	黑	渐变	大	无	中	大	早	早	大肥	勤施	必要	全程全光
心	椒	正	中	紫	浅	斑		中	有	平	中	中	中	控肥	偶施	不必要	生长期全光
桃	葫	扁	小	艳	深	纯		小	偶		小	晚	晚		不施		成熟期适量
锥	卵	卵	巨	橘	蜡			偶	状态		长	超晚	超晚				全程遮网

14. 喜上眉梢

表现不错的一个品种，有多个亚种。统一特性为萼片裂隙处有小萼卷起，如人喜出望外，眉梢扬起。

果形		型		果色			转色	斑	麻	萼	叶	熟	衰	肥	药	通风	光照
尖	长	圆	大	红	黄	黑	渐变	大	无	碎萼	大	早	早	大肥	勤施	必要	全程全光
心	椒	正	中	紫	浅	斑		中	有		中	中	中	控肥	偶施	不必要	生长期全光
桃	葫	扁	小	艳	深	纯		小	偶		小	晚	晚		不施		成熟期适量
锥	卵	卵	巨	橘	蜡			偶	状态		长	超晚	超晚				全程遮网

15. 惊鸿一瞥

　　大果型，变色期色彩丰富细腻，面若桃花，萼如黛眉！如见惊鸿，一瞥入魂！

果形			型	果色			转色	斑	麻	萼	叶	熟	衰	肥	药	通风	光照
尖	长	圆	大	红	黄	黑	渐变	大	无	大	大	早	早	大肥	勤施	必要	全程全光
心	椒	正	中	紫	浅	斑		中	有	飞	中	中	中	控肥	偶施	不必要	生长期全光
桃	葫	扁	小	艳	深	纯		小	偶	黑	小	晚	晚		不施		成熟期适量
锥	卵	卵	巨	橘	蜡			偶	状态		长	超晚	超晚				全程遮网

16. 海棠依旧

中型果，晚熟品种。成熟期变色不统一，落叶以后满树缤纷。深秋，深秋，白露为霜。海棠依旧，红肥绿瘦。

果形			型	果色			转色	斑	麻	萼	叶	熟	衰	肥	药	通风	光照
尖	长	圆	大	红	黄	黑	渐变	大	无	小	大	早	早	大肥	勤施	必要	全程全光
心	椒	正	中	紫	浅	斑		中	有	平	中	中	中	控肥	偶施	不必要	生长期全光
桃	葫	扁	小	艳	深	纯		小			小	晚	晚		不施		成熟期适量
锥	卵	卵	巨	橘	蜡				偶	状态		长	超晚	超晚				全程遮网

17. 紫鸢

中型圆果，丰果晚熟。变色丰富，后期艳紫。

果形			型	果色			转色	斑	麻	萼	叶	熟	衰	肥	药	通风	光照
尖	长	圆	大	红	黄	黑	渐变	大	无	小	大	早	早	大肥	勤施	必要	全程全光
心	椒	正	中	紫	浅	斑		中	有	飞	中	中	中	控肥	偶施	不必要	生长期全光
桃	葫	扁	小	艳	深	纯		小	偶		小	晚	晚		不施		成熟期适量
锥	卵	卵	巨	橘	蜡			偶	状态		长	超晚	超晚				全程遮网

任逍遥

18. 西风瘦马、任逍遥

　　西风瘦马、任逍遥是一个组合。两款都是非常经典的葫芦，非常经典的转色与成熟色。人到中年西风起，瘦马由缰缓缓行。望断天涯路，斩去多少挂碍。归途任逍遥，唯愿你安好！

果形			型	果色			转色	斑	麻	萼	叶	熟	衰	肥	药	通风	光照
尖	长	圆	大	红	黄	黑	渐变	大	无	中	大	早	早	大肥	勤施	必要	全程全光
心	椒	正	中	紫	浅	斑		中	有	平	中	中	中	控肥	偶施	不必要	生长期全光
桃	葫	扁	小	艳	深	纯		小	偶		小	晚	晚	不施			成熟期适量
锥	卵	卵	巨	橘	蜡					状态	长	超晚	超晚				全程遮网

19. 凤求凰（自培品种）

自培品种，超早熟，超晚衰。授粉率极低，经典辣椒形。黄转红转色，成熟色经典。色彩醇厚，浓郁。无授粉果显单调，有几个对比一下更精彩。有凤欲求凰。

果形		型		果色			转色	斑	麻	萼	叶	熟	衰	肥	药	通风	光照
尖	长	圆	大	红	黄	黑	黄转红	大	无	中	大	早	早	大肥	勤施	必要	全程全光
心	椒	正	中	紫	浅	斑		中	有	平	中	中	中	控肥	偶施	不必要	生长期全光
桃	葛	扁	小	艳	深	纯		小	偶		小	晚	晚		不施		成熟期适量
锥	卵	卵	巨	橘	蜡			偶	状态		长	超晚	超晚				全程遮网

20. 天王之王

经典大果型，经典大肚葫芦形。标准血红色。敦厚扎实，如托塔天王。

果形		型		果色			转色	斑	麻	萼	叶	熟	衰	肥	药	通风	光照
尖	长	圆	大	红	黄	黑	青转红	大	无	中	大	早	早	大肥	勤施	必要	全程全光
心	椒	正	中	紫	浅	斑		中	有	平	中	中	中	控肥	偶施	不必要	生长期全光
桃	葫	扁	小	艳	深	纯		小	偶		小	晚	晚		不施		成熟期适量
锥	卵	卵	巨	橘	蜡				偶	状态		长	超晚	超晚			全程遮网

21. 羞花（自培品种）

小果型，纯净紫血红。果形幼小安静，如深闺处子，含羞带怯！

果形			型	果色			转色	斑	麻	萼	叶	熟	衰	肥	药	通风	光照
尖	长	圆	大	红	黄	黑	渐变	大	无	中	大	早	早	大肥	勤施	必要	全程全光
心	椒	正	中	紫	浅	斑		中	有	平	中	中	中	控肥	偶施	不必要	生长期全光
桃	葫	扁	小	艳	深	纯		小	偶		小	晚	晚		不施		成熟期适量
锥	卵	卵	巨	橘	蜡				偶	状态		长	超晚	超晚			全程遮网

22. 宋韵（自培品种）

纯净金黄色大果，略带葫芦形。整体淡雅清丽，线条饱满简洁，形色简练却神韵无穷，有大宋遗风。

果形			型		果色			转色	斑	麻	萼	叶	熟	衰	肥	药	通风	光照
尖	长	圆	大	红	黄	黑			大	无	中	大	早	早	大肥	勤施	必要	全程全光
心	椒	正	中	紫	浅	斑			中	有	飞	中	中	中	控肥	偶施	不必要	生长期全光
桃	葫	扁	小	艳	深	纯			小	偶		小	晚	晚		不施		成熟期适量
锥	卵	卵	巨	橘	蜡				偶	状态		长	超晚	超晚				全程遮网

23. 霓裳羽衣

果形端庄大方，饱满简洁。果色细腻鲜艳。如唐宫晚宴，盛装浓艳！

	果形		型		果色		转色	斑	麻	萼	叶	熟	衰	肥	药	通风	光照
尖	长	圆	大	红	黄	黑	青转红	大	无	中	大	早	早	大肥	勤施	必要	全程全光
心	椒	正	中	紫	浅	斑		中	有	平	中	中	中	控肥	偶施	不必要	生长期全光
桃	葫	扁	小	艳	深	纯		小	偶		小	晚	晚		不施		成熟期适量
锥	卵	卵	巨	橘	蜡			偶	状态		长	超晚	超晚				全程遮网

24. 洞庭秋月

经典纯黄晚熟，略显葫芦。果色醇厚，温润。深秋洞庭夜，月华洒清辉。

果形		型		果色		转色	斑	麻	萼	叶	熟	衰	肥	药	通风	光照
尖	长	圆	大	红	黄	黑	大	无	中	大	早	早	大肥	勤施	必要	全程全光
心	椒	正	中	紫	浅	斑	中	有	平	中	中	中	控肥	偶施	不必要	生长期全光
桃	葫	扁	小	艳	深	纯	小	偶		小	晚	晚		不施		成熟期适量
锥	卵	卵	巨	橘	蜡		偶	状态		长	超晚	超晚				全程遮网

25. 黄精灵

经典浅黄小果，俏皮如精灵，树态基本偏老。

果形		型		果色		转色	斑	麻	萼	叶	熟	衰	肥	药	通风	光照
尖	长	圆	大	红	黄	黑	大	无	小	大	早	早	大肥	勤施	必要	全程全光
心	椒	正	中	紫	浅	斑	中	有	飞	中	中	中	控肥	偶施	不必要	生长期全光
桃	葫	扁	小	艳	深	纯	小	偶	小	小	晚	晚		不施		成熟期适量
锥	卵	卵	巨	橘	蜡		偶	状态	长		超晚	超晚				全程遮网

26. 五大帝

都是扁果。秦半两，汉五铢，唐开元，宋元通宝，明永乐。

果形			型	果色			转色	斑	麻	萼	叶	熟	衰	肥	药	通风	光照
尖	长	圆	大	红	黄	黑		大	无	小	大	早	早	大肥	勤施	必要	全程全光
心	椒	正	中	紫	浅	斑		中	有	中	中	中	中	控肥	偶施	不必要	生长期全光
桃	葫	扁	小	艳	深	纯		小	偶	飞	小	晚	晚		不施		成熟期适量
锥	卵	卵	巨	橘	蜡			偶	状态	微	长	超晚	超晚				全程遮网

27. 半山淡雪

万山红遍，唯此半壁江山欺霜赛雪。

果形		型	果色			转色	斑	麻	萼	叶	熟	衰	肥	药	通风	光照
尖	长	圆	大	红	黄	黑	青转乳白	大	无	中	大	早	早	大肥	勤施	必要	全程全光
心	椒	正	中	紫	浅	斑		中	有	飞	中	中	中	控肥	偶施	不必要	生长期全光
桃	葫	扁	小	艳	深	纯		小	偶		小	晚	晚		不施		成熟期适量
锥	卵	卵	巨	橘	蜡			偶	状态		长	超晚	超晚				全程遮网

金陵美锋变种

28. 金陵美锋

沿用日系美锋名字，产自金陵。

果形			型	果色			转色	斑	麻	萼	叶	熟	衰	肥	药	通风	光照
尖	长	圆	大	红	黄	黑	渐变	大	无	中	大	早	早	大肥	勤施	必要	全程全光
心	椒	正	中	紫	浅	斑		中	有	飞	中	中	中	控肥	偶施	不必要	生长期全光
桃	葫	扁	小	艳	深	纯		小	偶		小	晚	晚		不施		成熟期适量
锥	卵	卵	巨	橘	蜡			偶	状态		长	超晚	超晚				全程遮网

如何识别
老鸦柿的雌雄

　　老鸦柿基本上都是雌雄异株的，在植株未性成熟未开花以前，凭肉眼是无法识别雌雄的，只有等开花以后才能准确分辨。

雄花

左图：雄花
右图：雌花

老鸦柿的花与瓶兰科植物的花一样，都是倒置的花瓶状！只是雌花比雄花的萼片发育得更好更完善，更明显，这是最直观的分辨方式。

雄花花柄普遍比雌花花柄短、细，花开凋零，脱落以后，雄花柄萎缩成胡须一样的残留，甚至可以残留至翌年。

所以，即使在野外，只要开过花的树，基本上都可以轻易分辨雌雄。

因为老鸦柿品种极多，有些品种的品种特性也特别明显，导致花也显现出多样性，所以花期赏花也是一件乐事。

有些雄树在生长状态良好的情况下，也会开出雌花，此类情况一般称之为雄树健性结果。

也有极少数雄树，雌花比例较大。并且每年稳定挂果，这类树也可以定性为雌雄同株，这大概是由基因决定的。

左图：雌花
右图：雌雄同株

老鸦柿雄树与品种的关系

经常有鸦友会问我，老鸦柿没有雄树，会挂果吗？

当然会！老鸦柿虽然是雌雄异株，但也是可以单性结实的！只是如果有雄树，可以提高坐果率。

授粉不均的状态

另外有雄树授粉，可以刺激雌树分泌更多的生长激素向受精果实输送，种子也会生长发育得更好，充分授粉，可以在很大程度上改善偏果现象。

当然，偏果现象也可以通过疏果得到改善，树上果子留得越少，果实长得越丰满越端正。

也有鸦友会问，雄树对品种有没有影响。这个话题的意思其实是：用不同的雄树对同一棵雌树进行授粉，所结出的果会不会因为雄树不同而不同？雄树对当代果实有没有影响呢？有！但是微乎其微。品种特性其实也就是遗传基因特性，而果实的基因特性是在还处于种子状态的时候就已经完成了遗传与继承这个关系转变过程了。当它从种子蜕变成树，从树性、叶性、花的特性一直到最直观的果的外形特征，大部分都已经由它的父本基因和母本基因决定了。而与它进行交配授粉的同代雄树，对它的一系列基因特征并不能起多少作用，这其中包括果实的外观特性。但这也不能一概而论，部分基因强大的雄树的确会在很大程度上影响果实的外观，只不

授粉后的果实更加饱满

过这类作用肉眼无法观察，只能通过多年的实践来总结。雄树真正实实在在影响的是果实里面的种子，也就是它的下一代。也就是说，不同的雄树授粉，对当代的果实影响比较轻微，但是用不同雄树授粉结出的种子培育出来的苗，品种差异会比较明显。

这也就是我们在进行人工育种的过程中，选择不同特性的雄树进行授粉配种的真正意义，这样能够获得极大的概率出新品种。在进行人工育种的过程中，我们可以大胆地进行探索。除了定向的育种，比如用长果品种母树所得种子培育出来的雄树雌树进行配种，或者用大果品种雌树所得种子的雌雄进行配种，也可以将几个类型的品种进行杂交培育，只有创造了足够多的不确定性，才会出现足够多的新品种。

当然，这需要足够多的时间和资源，努力吧！

老鸦柿品种的命名

　　老鸦柿品种繁多，并且呈越来越多的趋势。以前对老鸦柿多是以外形或颜色来进行称呼，但越来越多的近似品种被发现以后，仅以此类称呼来区别品种显然已经无法满足日常管理需求，为了让大家更好地区分管理，更便捷地选择收藏，我们对各品种进行了单独命名。

风尚

左图：抱璞归真
右上图：偏爱
右下图：潋滟

单独对不同的果品进行命名，已经成为业内公认的一种行之有效的手段或者方法。

同时，名字取得好，与相对应的果品，相得益彰，也是赋予了一个果品独有的灵魂。

在这方面，日本是早就在做了。

就商业角度而言，有不同的名字，也方便人们进行选择。

目前国内鸦圈，大规模的山采桩下来，也发现大量的不同果品，随着人们商业意识的增强，也逐步开始对手头的果品进行命名，这也出现了很多的问题。

拾贰 老鸦柿品种的命名

欲滴

首先是命名权的问题。命名权原则上是谁发现或者谁培育谁拥有命名权！但实际问题是，目前国内流行品种大部分基本为山采品种，鲜有自培品种。而山采品种，往往一个种群有多人采挖，然后又各自命名，这就造成一个品种多种名称，给爱好者造成一定困扰！另一方面是采挖者当初采挖了品种以后，直接出售给了爱好者，根本没有命名。最常见的称呼无非是血红辣椒、血红葫芦或者干脆说鸡血红、黑果什么的！而购买者，买回家复果以后自行取了更形象或者更贴切的名字。随着商业意识的觉醒，当年的采挖者给自己当初卖出去的原称"辣椒"或"葫芦"的品种重新进行命名，这样同样造成一品多名。

针对这些情况，很难说命名权应该归谁所有，所以我个人认为：国内山采品种原则上无命名权的说法，只能是默认现状。法理不分家，法律不外乎人情，这个现象只能各凭良心去面对。商家应主动告知爱好者，其选择的果品在市面上还有其他什么名称。至于选择用什么样的名字，由爱好者自行选择！至于同一个果品不同的名称，我认为一个名称能准确描绘出果品的生理特征或者在意境上能够描绘出这个果品更美好的一面，能无形中增加果品的观赏价值、收藏价值的，就是个好名字！当然我们在取名中，要遵守法律法规，在不使用违法、反动的词语以外，也要遵守社会公序良俗，尽量选用美好、吉祥的词语！另外，我个人认为也应避免选用伟人、故人的名字。毕竟，用伟人的名字显得不尊重，用故人的名字，显得不吉利。这不是迷信，毕竟，境由心生，玩盆景是为了让自己的心情更放松，不是为了添堵的。

　　自培品种，我相信国内的自培品种会越来越多！优秀品种也会越来越多！这个是有命名权的，原则就是谁培育谁命名。这一点，我想大家都会遵守吧！

　　下图都是藏拙别苑自培品种：

1	2	5
3	4	

1　鸦之祖
2　芳华
3　羞花
4　惊鸿一瞥
5　凤求凰

老鸦柿下山桩如何快速成景

老鸦柿下山桩如何快速成景，严格来说，这是个伪命题。因为传统盆景，玩的就是耐心，说快速成型成景，有些显得过于急功近利了。但是，从另一个角度来说，玩盆景最大的目的应该是取悦自己，自己玩得开心就好！不必过于拘泥于传统盆景约定俗成的条条框框。该掌握的基础要掌握，其他的可以自由发挥，怎么合适怎么来吧。毕竟每个人

虞露露作品

枝条初次定位

的审美不一样。我还是想说，你觉得好的对的那就是好的！大家都说玩盆景，
玩的是个耐心。要我来说，我觉得是玩盆景玩的就是开心！当然，如果开心的
过程中能学到一些东西，获得一些进步，那就更好了。另外，我觉得在耐心与
开心之间，随性与修行之间。有些东西是可以折中可以平衡的。在这一点上，
我采用的方法是，值得花精力去培养，或者说不能以随性两字去简单对待的精
品素材，我是愿意用一场修行去陪它蜕变的。毕竟，好树难求，而老鸦柿精品
素材，要说是不可再生的资源也不为过，对待这样的素材，如果过于随性，造
成浪费，那就是一种罪过了。

　　而面对一些品质一般的素材，就不必过于拘谨了。毕竟生命是有限的，时
间是最大的成本，有些东西，我们玩不精，也没必要玩精，这里要说的快速成
型，就是针对这一类素材的！杀桩是基础，盆景技艺功底如何，从杀桩就可以
看出来。天下没有完全一模一样的两个桩子，一个毛桩到手上，首先要审桩，
审桩的同时，也就是进行构思的时候，面对的什么类型的桩子，是文人或是矮

霸，又或是一些个性桩，基础如何，主观面如何，高低远近，主树宾树如何搭配。这些东西是要我们平时去积累的，在这里三言两语解决不了问题。所以我们就从定完桩以后再说吧。毛桩定位，根杀到位以后，选用略大的培养容器将桩子栽好，静待发芽生根，第一批芽是不用去管的，等到二次抽条，也就基本可以确定已经开根，此时可以将位置不合适的枝条去除，只留需要留下的，合适位置上的枝条。此时枝条应该已经长到差不多 0.7～0.8cm 了，去完多余枝条以后，可以将留下的枝条按造型要求大概定个位，选用比枝条略细的铝丝，对枝条进行蟠扎。因为只是大致定位，枝条还要放养，因此铝丝可以上松一点，这样铝丝在树上固定的时间可以久一点，并且不易造成陷丝。将需要定向的枝条向自己需要的角度去定向，枝条基部要扭曲到受力部位枝条皮肤略微爆皮为极限。如果达不到这个极限，这个位置不易出芽，而定型效果也不理想。

但是如果超过这个极限很可能会造成枝条断裂。定好位置以后，就是静置放养了。在这期间，就是大水大肥伺候。如果是在春季定型的，那么到秋季，当初爆皮的地方，应该会萌发出芽点来，而这些芽点会形成徒长枝。此时

素材初次定位

可以将原来的枝条从第一个分叉基础位置将主枝剪掉，一是逼芽，二是培养分枝，而徒长枝是一定要留的。因为徒长枝生长迅速，增粗速度快，它的作用就是快速带粗分枝基础，使分枝迅速形成一级过渡，俗称一级枝。在这个过程中，可以对余留的枝条进行蟠扎、定位。此时的枝条去留原则是能留则留，尽量不减。大概一年以后，这树的大致轮廓已经出来了。如果一级枝粗度已经达到要求，可以将徒长枝剪去。同时对一些明显多余的枝条进行删减，这个目的一是为了重新逼出二级枝上的徒长枝。另外也是为了更准确地进行造型定位。实际

枝条扭曲着力部位萌芽状态

袁泉作品

拾叁 老鸦柿下山桩如何快速成景

上这个时候一二级枝也已基本成型。将全部枝条重新复一次型，此时要注意小枝（结果枝）的安排了。按你想象的构图来对小枝进行规划，不够丰满的地方也不必着急，老鸦柿的萌芽能力超强，枝条早晚会有的。这次复整以后，可以将树移进观赏盆了，以树体大小、树形要求选择合适的观赏盆进行正式上盆定植。上好盆以后，静养1个月左右，树势恢复差不多了。这时候进行新一轮的大水大肥疯狂养树模式：此时如果在春夏季，适当添加一些磷钾肥，催一下，应该会催生出花芽来，也就是说明年差不多可以正常挂果了。这一年，最好是全年全光照养护，阳光充足更容易形成小枝自然羽化，使树形更加丰满。在这过程中，有需要增粗的地方如有徒长条依然要留，可以有效起到带粗的作用。这个方法基本原理是扎剪结合。边放边剪，造型增粗两不误。一个中型桩，基本上花4～5年时间，就可以达到大致丰满、相对成熟的状态了。当然，这中间存在许多不确定性，不能一概而论，以我个人经验而言，这个方法对于大部分品种是可行的，也是相对比较简单的。

培养中的老鸦柿盆景

老鸦柿品种掠影

　　篇幅有限，无法对每一个品种进行详细描述，这里单独开辟了一个章节，将一些表现优良的品种做一个简单的展示。如您对其中某个品种感兴趣，可另联系作者了解详细资料。

　　以下展示的品种以发现时间的先后排列。基本以藏拙别苑自有品种为主。

1

2

3

4

5

6

7

8

9

10

11

12

13

14

15

16

17

18

19

20

21

22

23

24

25

26

27

28

29

30

31

32

33

34

35

36

37

38

39

40

41

42

43

44

45

46

47

48

49

50

51

52

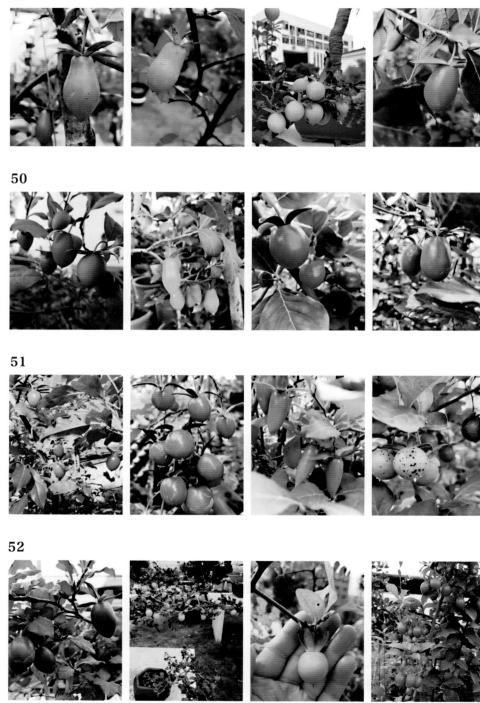

53

54

55

56

57

58

59

60

61

62

63

64

65

66

67

68

69

70

71

72

73

74

75

76

77

78

79

80

81

82

83

84

85

86

87

88

89

90

91

92

93

94

95

96

97

98

99

100

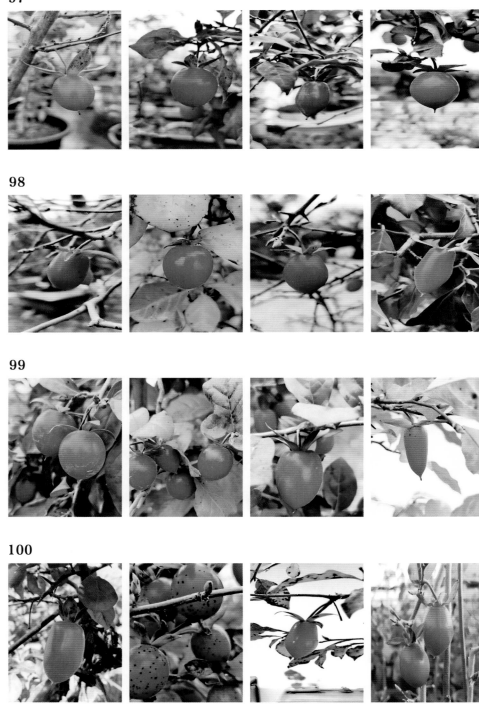

老鸦柿的造型

虽然盆景的精髓在于造型，但对于这一块，我不想过于深入的探讨这个问题。因为造型涉及创作，每个人都希望自己创作出来的盆景能够体现自己的思想，彰显自己的特性。而我国整体的盆景制作水平的进步，也正是由这种不断摸索、不断

徐昊作品

上图：徐昊作品
下图：徐昊作品

创新、不断学习积累而来。别人好的作品可以借鉴，可以参考，但是不能照搬。

谁也不想照着别人的作品去抄作业。更何况创作这个东西，只有合适与更合适的区别，没有对与不对的说法。创作思路，适用技巧，只能意会，无法言传。所以大胆去做，大胆去想才是王道。师父领进门，修行在个人。有些东西师父可以教你，而有些东西，是没有办法教的，需要自己去慢慢感悟！

老鸦柿的造型，与松柏以及其他杂木不同的是，老鸦柿干身骨力强劲，稍粗一点（3cm以上）就很难调整。别的素材可以通过破干或者打孔来实现，但老鸦柿因为皮层薄，愈合能力弱，这些方法基本都不适用。所以老鸦柿的主干大枝，如果需要做动作较大的线条变化或者方向调整，基本只能靠截枝蓄干的方式，重新逼芽，留芽，通过调整芽的方向稍加人为干预来获得理想的出枝方向，角度。

这种方式耗时会比较久（前面有章节介绍过如何利用徒长枝、牺牲枝来快速增粗过渡枝干，但如果桩体较

大，还是需要有相当的耐心的），但是通过这种方式获得的线条变化或出枝
角度会更有力，更理想。小枝是不建议用纯岭南技法的，还是剪扎结合更合
适一些。因为老鸦柿出枝相对来说，夹角与直角的比较多，如果只是修剪，
很难获得理想的造型。

　　当然，有些树因为树性的差异，出枝还是比较柔顺的，这样的树，基本上
蟠扎到位即可任其自然羽化，定型以后视情况再进行剪缩。骨架的定型。根据
自己对桩材的理解定位来进行规划，这个没有公式可言。

彭达作品

有老师说，盆景创意参考园林，园林源于自然。大自然中一枝一叶都有它美的地方，平时多用心观察，用心体会，说不定大自然创造的某棵树的某一枝的枝法，就可以用在你的某件作品中，并且因为这一枝，令你的这件作品大放异彩。所以说，艺术来源于生活的积淀，这话没错。

彭达作品

左图：徐昊作品
右图：徐昊作品

　　老鸦柿布片，是枝繁叶茂，还是疏影横斜，这个根据个人喜好和作品要求来选择。还是那句话，只有合适与更合适，没有对与不对！但是要注意的一点是，老鸦柿的主要观赏点是果，而鸦果的果柄普遍偏长，果实垂感普遍比较好。所以布片必须要考虑挂果空间。布片太过于追求树冠的丰满度，太过于紧密，挂果以后挤挤挨挨，果实没有了垂感不好看不说，生长季树叶较密，不利于通风，捂得太严实容易失枝，同时也不利于果的生长。

拾伍　老鸦柿的造型

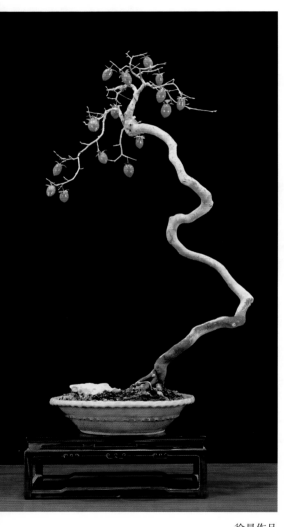

徐昊作品

如果你的作品是一件大树型的小品，采用的手法就是简单的去强留弱，利用老鸦柿在充足光照下能够快速自然羽化的特性，干预出一棵丰满的一掌托大树，你可以选择短果柄小果型品种。此类品种果实基本不下垂，甚至可以通过人为筛选的方式进行干预，把果实都留在外围。这样成熟以后，满满的一树果，也是十分养眼的。

说了这么多，依然感觉空洞，因为式无常式，法无全法。所谓创作，就是变化！当然，在实际操作过程中，有些基础知识还是要掌握的，作品上不应该出现明显的禁忌，最好还是要能够避免。总而言之用我师父的一句话来总结一下：任何创作，因树制宜。所有的可有可无处，丑则去之，不丑留之！

果木盆景新说

图、文 袁泉

　　苍古遒劲、过渡自然的造型，晶莹剔透、寓意吉祥的果实，给果木盆景刷上了雅俗共赏的色彩，行内行外许多朋友都非常喜欢。

　　我跟果木盆景打了几十年交道，积累了一些创作经验。在此，把点点滴滴的收获分享给广大读者。

袁泉作品

151

果木盆景是将果木植入容器内，经过人工特殊培养的一种栽培形式，是树木盆景的重要组成部分。

现实生活中，不少盆景人尤其是初入行的盆景新人，对果木盆栽与果木盆景界定不清。实际上，果木盆栽主要是将果木，更多的是将可食用的果蔬置于盆内栽培养护，运用园艺技术最大可能地使其花繁果丰，充分发挥它的观赏性和实用性。而果木盆景是高超的果木栽培技术与精湛的盆景艺术的有机结合体，它除具有树木盆景的一般特征外，还具有赏花观果的特征。

显而易见，果木盆栽强调的是果，而果木盆景突出的是景，是艺术，是"无声的诗，立体的画"的一种再现。前者是具象的、平常的，而后者是抽象的、升华的。所以，在果木盆景中，景是主、果是辅，是用果的陪衬、点缀来

袁泉作品

袁泉作品

提高盆景的观赏价值。

　　果与景的关系确定以后，那么以什么方式来突出和强调景的存在呢？这是不少盆景人难以把握的问题。在视觉上，黄金分割率（0.618）本质上带来的是和谐——相似、重复、联系，是变化——运动、呼应、活力。人们在观赏盆景时，视觉把立体的盆景转化为如同图片一样的一个平面，这时候眼睛和心灵将视觉单元整合为一个融合的整体来组织视觉差，心灵本能地试图创造秩序，以摆脱杂乱的存储信息，自然也就把符合艺术原则的元素——和谐、变化、平衡、比例、运动、简约和主导倾向沉淀下来。

　　所以，果木盆景的观赏面，以景占0.618，果占0.382的面积比例为最佳。但是，很多盆景作者为了突出作品的主题——景，往往使果实平面面积远远低于这个比例，这是夸张手法在盆景创作中的运用，也是无可厚非的。

老鸦柿盆景
LAOYASHI PENJING

作者简介

　　袁泉，1953年出生于江苏省徐州市，2004年被中国盆景艺术家协会授予"中国杰出盆景艺术家"的称号。

　　20世纪70年代开始制作盆景，2000年内退后创建源泉园艺园，热衷于盆景创作。制作技艺取松柏和杂木之长，融合在果树盆景之中。施法自然，技艺精湛，野趣足，精品多，其创作的盆景作品多次在全国和省盆景展览上获金银大奖。发表盆景相关论文多篇，为中国盆景的发展传承做出了自己的贡献。

袁泉作品

　　还有，果实在果木盆景中所居空间位置也十分重要。为达到最佳的审美心理和视觉感，应根据枝干布局合理均衡地确定果实的位置和数量，使景达到最优化。我国幅员辽阔，果木资源丰富，品种繁多就果实色泽而言，有赤橙黄绿青蓝紫之分；以果实形体而论，有大中小之别。黑、蓝、绿等属于冷色，让人心理上有收缩感，视觉上会感到距离我们远。红、黄、橙等属于暖色，心理上给人以饱和感，视觉上感觉距离我们近。果木盆景是自然的浓缩、艺术的精华，我们在制作果木盆景时，要果形和色泽通盘考虑。一般微型小型果木盆景，以果型小、冷色调的果木树种为佳：大中型果木盆景，以果型大、暖色调的果木树种为佳。这样才能达到小小相配、大大相联的协调统一。

　　而近几年异军突起的老鸦柿树种。就特别适合作为果木盆景创作的选材。无论是意境的表达，抑或是色彩，结构，线条的表达都能轻易实现。老鸦柿在果木盆景素材中，是不可多得的一个好品种。

老鸦柿小树的合理利用

经常听人说，玩盆景应该玩桩子，小树有什么意思。可现实情况却是，在广大爱好者掘地三尺般地搜寻之下，现在基本上已经是处于"一桩难求"的境地，这当然是对质量比较高的桩子而言，那没有好的桩子是不是就不玩盆景了呢？不！其实小树也挺好玩的，尤其是老鸦柿，用小树来做文人树更是别有一番风味！

彭达作品

155

童太旺作品

　　据说文人树的说法是从日本流传过来的，这一点不想去做什么考证，一个名称而已，合适就行。在我看来，文人树脱胎于素仁格，而素仁格的风格意境在我看来无非就是在构图上力求极简。少有大面积的色块，以线条白描为主。意境上，也大都是给人有点望断天涯路的愁思，又或者是无欲无求的淡泊。也有点人法地，地法天，天法道，道法自然的道家认知。我的见解比较浅薄，各位不必认真。玩盆景说到底都是"与树同娱"。当今这种太平盛世，玩盆景的爱好者比比皆是，玩的人多了，消耗也就大了。有好桩当然是最好的，但往往是求之不得。此时玩小树反而是一条捷径。

　　老鸦柿树性刚强，超过1cm想拿个急弯就比较难了，但是1cm以内的还是比较容易实现的。选用不超过1cm粗的小树，高一点矮一点都可以。我是倾向于高一点的，高度在1~1.2m最好。因为有足够的高度，可以有足够的发挥空间。想做什么样的形式，最好先有个构思，胸有成竹，更好下手。

　　动手之前起码有一个大概的预案。用丝略大一点，如没有什么把握，可以先在树上绑一层胶布，起到一定的保护作用，需要做急弯的位置，先对树体做一个松劲的准备，上好丝以后，就可以按自己的构思做弯了，做弯的意图是为了取得线条，盆景最迷人的就是线条。线条构成注意轻重缓急，跌宕起伏，避免生硬，力求生动。当然熟能生巧，做多了，自然也就手到擒来了。小树玩上手，你会发现玩小树也是有很多乐趣的！

拾柒 老鸦柿小树的合理利用

彭达作品

　　这种玩法，因为拿弯比较急，比较多，很难避免会对树体造成一定的损伤。所以，制作的时机非常重要。每年的3～5月是最理想的季节。在这个季节里，损伤不大可以直接全光照管理，树体经常喷水就可以。如果损伤比较大，适当遮阴就可以了。在这个季节，恢复比较快，一般不会出什么大问题，成功率还是比较高的！

而有些比较老的小树，我们叫做小老树。因为野外经历了许多年的风霜雨雪，度过了漫长的百年孤独！稀稀朗朗三两枝就是一篇《天净沙·秋思》：

　　　　枯藤老树昏鸦，
　　　　小桥流水人家，
　　　　古道西风瘦马，
　　　　夕阳西下，
　　　　断肠人在天涯。

彭新元作品

老鸦柿盆景，景与果的关系

　　盆景，树是基础，这个毋庸置疑。但是今天我们论述的对象比较特殊——老鸦柿盆景。

　　老鸦柿盆景是众多盆景中的一种，再给它细化分类，它属于观果类的盆景，在观果类盆景中，树形重要还是果景重要，众说纷纭，莫衷一是。

彭达作品

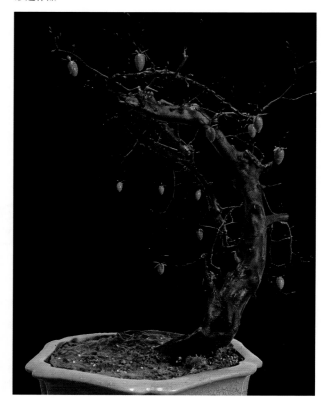

虞露露作品

　　但是人们忽略了一点，老鸦柿盆景与传统挂果类盆景不一样，从素材的角度去说，体量素材丰富程度，它比不过榆树、石榴、冬红果等。枝干表现力、枝条细密度，它比不过雀梅、金弹子，它吸引人们的地方还是因为它的果，它的品种的多样性。超长的挂果期，不同的果型，不同的果色，与不同的桩材搭配表现出来的效果、意境，是任何一种素材（包括其他观果类盆景）不能与之相比拟的！这样的说法或许过于片面，也仅代表我个人的观点而已。

　　这样说，并不是说桩材基础不重要，相反，在我国南方地区有一些老一辈盆景艺术家培养的一些老鸦柿盆景，制作技艺、养护年功都堪称一流，成熟度非常高，实物也相当震撼，但是每到秋天，一树果由黄变麻，让人多少感觉一些遗憾！我常常在想，那些树，如果果品好一点，挂一树更漂亮的果子，可能都是当今的抢手货吧。而如果硬要忽略掉果去看树，又感觉有点勉强。因为如果从杂木的角度去看老鸦柿，出彩程度那是怎么也赶不上传统的杂木盆景榆树、雀梅之类盆景的。

所以，我认为老鸦柿盆景，虽然桩材是基础，但是果品的重要性是显而易见的。而且桩型与果品搭配也比较重要。矮霸配大圆果，或者大葫芦；高树配长尖果，雄壮大树配红色，清瘦文人配黄色。当然，选择桩还是选择果，什么样的桩选择配什么样的果，这些都还是因人而异的，并没有一个统一的标准。还是那句话，自己喜欢的就是好的。当然，如果能够更上一层楼，上一上也是好的！

上图：袁泉作品
下图：彭达作品

老鸦柿的美

我们因为什么而选择了盆景来伴我们半生时光？我想应该有许多人想过这个问题吧！而答案，其实归根结底基本上都只有一字，因为盆景"美"。

然而，美是什么？

美的定义是美学中最难的问题，比如说有人喜欢阳刚之美，有人喜欢阴柔之美，有人喜欢健全之美，有人喜欢残缺之美，有人说对称的才美，又有人说不对称才美。有的美是能看到摸到的，具象的。比如山川之美、江河之美、掌上明珠之美，而有的是声音，比如天籁之音，而有些，只存在至于人的意识之中，比如心灵之美。在人类历史上，第一篇系统研究美学的文章《大希庇阿斯篇》中，作者借苏格拉底之口总结道"美是难的"！

袁泉作品

狂野之美

2008年，大陆学者易万成在《存在与华夏文明》一书中提出了美的这个定义。人类社会中的主体是人。而"美"不是孤立的对象，是人的需求被满足时的精神状态，相联系的人与刺激的互动过程，这种动态的过程包括三个要素：

信号——引起人愉悦反应的一切刺激，这里分第一第二信号，它是产生美的原因。

主体——人，它是美产生的场所。

美感——人的需求被满足时对自身状况产生愉悦的反应，它可以是现实需要被满足时的感受，也可以是意识需求被满足的经历。

上图：彭达作品

下图：赵庆泉作品

　　所以，美是没有标准的，也是因人而异的。只要不违背道德伦理的约定（比如有的人以恶心为美），不脱离法律法规的约束（比如罂粟虽美，却不得赏玩）。能让你感觉心情愉悦的一切事物，都是美的！

　　老鸦柿也是如此，有人说老桩子美，有人说小树美。有人说红果漂亮，有人说黄果耐看，也有人说黑果惊艳……这些观念都对，只是具体到个体，具体到个人，还是要个人自己来决定，自己到底想要什么样的东西，喜欢什么样的东西。换言之，什么样的东西能让自己感觉到愉悦，那就是你心目中的美！

　　老树枝柯少，枯来复几春，露根堪系马，腹下草丛生，虫节莓苔老，烧痕霹雳新，这是大树老树的遒劲沧桑、霸气刚劲的形态之美；而"枯藤老树昏鸦，古道西风瘦马""孤舟蓑笠翁，独钓寒江雪"，又是清瘦老树的沧海桑田、百年孤独的意境之美。盘根错节，老态沧桑是美；幼稚新苗，清新靓丽也是美。

　　美可以被发现，更可以被创造。可能眼前的一棵树并不美，但是可能通过我们的培养、改变，让时间、技艺使它变得美丽！

　　说得再简单一点，一棵树美不美，原因不在于树，在于人。

彭达作品

老鸦柿的日常养护管理

　　真的很不想说生桩！老鸦柿发展了这么多年，还在谈生桩，无论从什么角度去说，其实都是很不应该了。说大一点，从国家政策层面来说，乱采滥伐肯定是不应该的。从环境层面来说，无序、无节

虞露露作品

制的乱采滥伐，是对社会、对环境、对子孙后代的不负责任。从资源角度来说，采了这么多年下来，山采的桩子资源跟园圃现存的资源肯定不好比。品种资源和那么多大规模的籽播培育出新概率也不太好比。所以真的不想去说生桩。

但是每天都有新人新手进入老鸦圈、盆景圈。每天也有各种原因造成熟桩变生桩的情况发生。还是说说生桩的养护吧！生桩养护有许多的方法，各人有各人的经验，各地有各地的区别。在这里，我只谈我们的经验，不与不同的方法经验去做比较。

苏南平原地区，四季气候分明，大部分时间空气含水量偏低，还是比较干爽的，所以生桩养护，保湿是重中之重。无论是标准生桩还是熟桩改的生桩，无一例外的是创伤面较大，脱水程度比较严重。我们首先要做的是清洗，把桩子洗涮干净，洗干净的目的是除菌，也为了栽种以后，桩子的皮能够充分与土壤接触。老鸦入土，切忌有空洞的地方，否则极易生菌，腐烂。接触不到土壤也不利于开根。清洗干净以后，根盘设计的方案根据用盆的大小尺寸，来确定根盘大小，根盘一定要杀到位，因为老鸦柿生根一般都在伤口形成层生根。杀

老鸦柿大型桩的移植与养护

桩不到位，等几年以后发现根盘太大，上盆上不了的时候，再重新杀根那等于又重来一次。确定根盘大小以后，把每条根杀到位。确保杀口光滑，最好避开破皮处。杀到位的同时，保持一个原则，尽最大程度留根，根毕竟是根，树要靠根活的。想在干上养出根来，都只是理想而已。杀完根以后，就是补水了，我们一般是把桩子整体泡入清水中泡一天。如果是比较老的石鸦，可以在水里加一点杀菌药，以避免栽种以后根部发生霉烂。

泡完以后，选择宽大一点的培养盆，培养盆要求不高。确保两点即可，宁深不浅，宁大不小。选用合适的土壤，赤玉土最佳，如用其他土，尽量选择颗粒化的，透气保湿不积水的土。将桩子栽入盆内后，放在阴凉通风处。盆土洗透水以后，每天的管理就是盆土保持湿润，不要太干，也不要太湿。干身经常喷水，栽生桩的季节宁暖不冷。在高温高湿的环境下，桩子一般半个月左右即可来芽，但是来芽不等于出根，一般要判断桩子是否有根，要等到桩子二次抽条。如果第二次抽的条很茂盛，此时桩子基本上根系已经较发达了。但是此时并不能着急把桩子移入观赏盆，只有到盆面或盒底孔洞处，可以看到很多毛细根的时候，才可以进行换盆。

老鸦柿的施肥，也要到桩子二次抽条、根系茂盛以后才可以正常施肥。老鸦柿用肥应该讲究一点，因为老鸦柿毕竟是果树，除了长势以外，还要考虑到开花结果的事实。我们一般是基础肥用菜籽饼，如果只为了长树，菜籽饼足够了。但是为了结果，我们在春季会加一些磷钾肥，也就是复合肥。初夏果实膨大的季节，追加一些微量元素，硼铁锌钙镁，都

老鸦柿虫害

应该补充一些。养盆景有一个误区，经常会有人问："盆里就
这么点土，树能活吗？"土只是基质，让树用来扎根的。如
果石头上能扎根，石头上也可以种树，不需要土。树的生长
所需要的肥是要靠添加的！所以养盆景，肥很重要。对于水，
老鸦柿没有什么严格的要求！原则是不把树干死，范围放宽
一点就是水能大就大一点。老鸦柿不怕水，这就是它好养易
养的特点。

　　秋季的时候，果子成熟期的秋肥也非常重要。在9月施一
次有机肥，对树体复壮有着重大意义。

　　冬天，对于果树来说，冬肥是也是必要的，最简单的方
法是施一点菜籽饼或者复合肥。施菜籽饼的时候要认真一点，
最好用容器。比如纱布袋装起来放盆面，因为菜籽饼一旦散
放在盆面：一是浇水的时候会冲掉造成浪费，另一个原因是
无肥效的时候又拿不起来，最后堵塞在泥土的缝隙里造成土
壤板结。取下来的肥以后倒在容器内加水沤制成水肥，也可
以用来浇灌，只不过味道有点上头。一般菜籽饼在盆面春夏
季放一个月左右即需更换，冬季温度低，时间可以略长。

菜籽饼可以略微随意，施加无机肥，尤其是水溶肥的时候，一定要把握一个量，不能太大，以免造成肥害。

肥力到位，生长良好的树，发生病虫害的概率也比较低。老鸦柿虫害较少，但有时也发生，也只是个体，很少会有大规模的虫害。

夏天虫子泛滥除外，如果发生用农药除虫就可以了，真正危害老鸦柿的是病害。老鸦柿常见的病害有黑斑病、褐斑病、角斑病、疫病以及炭疽等由真菌和病毒引起的病害。对于此类的病害，防的意义大于治。从4月开始，每个月用多菌灵或代森锰锌或者其他一些广谱的杀菌类药进行防治，每个月一次，一直到落叶期，注意严格按配比例操作。

如果发生烂根现象，最好的办法还是切根、洗根、换土重栽，老鸦柿根部长菌烂根，去灌药治疗是没什么作用的，但还是不要心存侥幸的好！

老鸦柿各种病害症状

老鸦柿盆景造型及换盆的时机

老鸦柿盆景造型及换盆，一年四季都可以进行操作，这里阐述的只是一个相对更为安全的时机。当然，这也仅仅是我个人的观点，每个人有自己的习惯、认知与独到的操作水平，所以我们只是提供一种观点以供大家参考，不对其他观点进行反驳或批判。

彭达作品

老鸦柿换盆

　　每年的3～9月，是老鸦柿生机旺盛的时间段。在此阶段进行造型或换盆，有利于树体的恢复。因为处于生长旺季，生长速度快，创伤面能够迅速愈合。此阶段造型也更利于造型枝的定型。可以大大提高造型速度。如果仅仅是造型，不涉及换盆工作，造完型以后可以适量施肥，可促进树体的快速恢复。不过还是建议造型与换盆同时进行。因为老鸦柿毕竟是果树，主要观赏点还是果。而不管是造型还是换盆，多少都会对挂果状态有一定影响。动作比较大的话，甚至要影响2～3年，在树体没有完全复壮前，挂果是挂不了太好的！所以如果要做比较大的动作，尽量上下一起动比较好。这样可以节省一点时间。

　　而如果在这个阶段换盆，新根萌发速度快，同样有利于树体的快速复壮。可以大大降低冬季养护管理的难度！

　　如果选择其他季节去做这些工作，树体生长缓慢，伤口愈合慢，恢复速度慢，而如果涉及换盆工作，即使是在秋季，也会因为温度转低，没有充足的时间和温度来萌发新根，造成树体根系带着伤口越冬，这是极为危险的！如果有温棚，可以降低这种危险。但是我个人认为没有必要去冒这种危险！换盆，在这一年的时间段中，还是宜早不宜迟，早一点换盆，一个春季就差不多复壮了，养护得当还有可能不耽误来年复果。

　　要注意的一点是，如果在盛夏季节做这些工作，适当的遮阴及时补水保湿这些工作还是十分必要的。

老鸦柿，目前在果木类盆景的范畴内，应属于观果类盆景的翘楚。

玩老鸦的主要目的是为了观赏，那怎么样提升观赏价值，增加观赏性。除了优秀的造型以外，最重要的莫过于把树养好了！

靓丽的果实

彭达作品

　　直白地说，果对于树来说，是可以遮丑的。树有点缺陷，或者说火候不是那么到位，但是有一树漂亮的果，可以让人在很大程度上忽略那些不足，依旧让人感觉赏心悦目。

　　而对树进行必要的植保工作，就是为了让树更健康，让果子长得更好！对于养老鸦柿而言，我觉得养树就像培养孩子，想方设法挖掘它的潜力，无非是希望他有一个更好的未来。

老鸦柿的越冬管理

老鸦柿是近几年才开始受到重视的盆景素材。因此相关管理、养护经验也是极度缺乏的。以前有个别前辈在玩，也大多集中在南方较温暖的地方。而华中、华东及华北地区，要么是没怎么接触过这个物种，要么是没怎么经历过极寒的特殊气候！当这两种因素碰到一起，就会给我们带来意想不到的损失！比如2020年的冬天，可能全国大部分地区

彭达作品

雪中鸦

的鸦友都有或多或少的损失吧！反而是北方的朋友，因为有准备，有温棚，所以损失比较小。而华东、华中大部分地区的鸦友可能都是损失惨重。不过亡羊补牢，犹未晚矣！损失是惨重的，教训是深刻的。但是，能够从教训中汲取经验，避免以后重蹈覆辙，也让后来的人少走弯路，也算是一种收获吧！

老鸦柿虽然抗寒，但也是有一定限度的。目前，已知的相对极限是在-10℃左右，短时间不超过1周户外越冬，一般不会对树体造成太大伤害，这还要看盆大小，如果是小盆直径在20cm以内或者是微型盆，这样的温度还是十分危险的！

所以，入冬后，平常0℃左右可以正常养护。如果有寒潮来袭，小盆、微型盆一定要入棚养护，入棚后等来年清明以后再出棚。大盆要下架，放在地面上，盆底触地比在架子上过冬要安全得多！

而冬季养护，水是十分重要的。一定要注意保持盆土湿润，以免造成干冻！这里有一个误区，新手朋友一定要注意：很多新手认为冬季可以适当控水，甚至认为冬季浇水盆里会更冷。这是错误的，很简单的道理是一碗水比一盆水更容易冻成冰。

冬季也是可以适当上肥的，而对于果树而言冬肥也是比较重要的，需要注意的是施肥的配比，掌握宁轻毋重的原则，薄肥勤施！

冬季也是防病防虫工作展开的重要时节。我们一般都是用石硫合剂对树体及盆土进行喷雾。石硫合剂喷施，冬季一般全天都可以进行，如果在棚内，要开棚透气，佩戴防护用具，注意人身安全，同时避开棚内高温时段，开棚也可以起到降温作用。

而在其他季节喷施，要避开中午高温时段。一般到夏秋两季，就不建议再用石硫合剂了，因为会在果体表面形成一层雾状结晶，影响观赏！

老鸦柿

阴性桩（石鸦）的养护

阴性桩，俗称石鸦，泛指在石头堆里面生长多年，干身已经变黑阴化，另包括以根代干的桩子。产地主要集中皖南和浙江大部分地区的高山区域。由鸟兽将种子带到人迹罕至的石缝中，经过几十年

石鸦夏季荫棚养护

生桩夏季遮阴养护

甚至上百年的生长，有的在石缝中挣扎蜿蜒，有的因坡陡，雨水冲刷导致碎石滚落埋压，历经多年生长，一般都显得孔武有力，肌肉明显，线条丰富，遒劲苍老。因常年处于阴暗环境中，干身阴化，表面黝黑。干身进化出了根的部分功能，所以石鸦的干身更容易发出根来。

石鸦因生长年限较长，一般体型都较大。而桩体越大，负荷也越大，再加上采挖时切断大根，创伤面也较大。阴性皮肤较敏感，局部损伤都容易造成失线（损失掉整条水线）。这些都是石鸦难以养护的原因。

栽种石鸦时，桩体一定要清洗干净，杀桩到位，补水到位。在配有杀菌液的水中浸泡一天一夜以后，栽入合适的容器。石鸦最好是栽入容器，不要地栽，地栽以后根系跑远，不利于移栽上盆。如桩体较高，尽可能深盆高培，用土尽可能使用大颗粒赤玉土，毕竟大桩成本较高，资源也更稀少，所以最好还是用好一点的土吧！如果桩身实在太高，建议先斜着栽，成活以后再栽正。总之，尽可能多的将桩体入土。包膜包布都不是十分保险，还是遮阴喷水更保险。有些地区会在桩体包覆水苔，也有部分区域因环境气候相对比较封闭，局部区域空气湿度较大，简单栽种也容易成活。无论如何，在结合自身所处的环境，同时小心应对。不管怎么说，小心无大过。老鸦柿长大不易，有些桩子也无法复制，还是认真对待比较好！栽种好以后，浇透水，放入高温高湿的环境中逼芽。出芽越快越安全，因为出芽也意味着桩体水分开始流动。芽点出来以后，及时去除桩体下半部分的芽点，芽点尽可能留高。上半身的芽点尽可能多留，这样能最大程度激活水线，避免下半部分枝条过低过旺造成水线截流，导致上部水线枯死。发现萌发根苗，及时去除。石鸦在3年内出根苗极易造成主体枯死，顶端枝条养旺以后，开始逐步降土，在这过程中桩身有可能会开根。不要急于去除，确认基部根系健康以后，再逐步去除。上部根最好不要留下，因为上部根过于发达，会造成基部退化。生桩移栽上盆，起码在培养2～3年以后。当然，一切还是要看个体的生长情况来决定。

我国幅员辽阔，各地间气候环境相差较大，在有些特殊的地区，栽老鸦柿或许没这么麻烦，随便栽栽都能活。这个我们不去争论，在这里我所说的方式、方法是比较保守的，也是相对安全的方法。当然，具体采用什么样的方法，还是由广大鸦友自己去决定了！

至于很多鸦友提出来的皖南鸦与浙江鸦优劣差异的问题。我只能说相对来说，皖南鸦的虫害现象比浙江鸦要高一点，鸦友在栽种石鸦时，要仔细检查桩体，发现桩体有空洞，要将洞内的虫卵，或者虫巢清理干净。有条件的注满愈合剂或者玻璃胶避免进水腐烂或者重新进虫。另外，不论哪里产的石鸦，栽活是一回事，养护健康是另一回事，真正的干身复阳又是一回事（干身复阳就是鸦皮从漆黑粗糙的状态，回复到灰白色，树皮较细腻的状态）。石鸦在真正的复阳前干身还是要避免暴晒暴冻的。也就是说，如果是全光照养护，在夏冬两季，桩身最好还是能够包裹保护一下。否则容易造成爆皮失线。石鸦只有真正养到复阳状态，才能称之为健康。

3月中旬，温度开始上升，有些长势比较旺盛的树开始发芽。老鸦柿的花是跟着芽起来的。

因此，当新叶展开，就要开始进行花果期的管理工作了，大部分的树新叶展开，用芸薹素内酯进行叶面喷施，目的是为了保花保果。相隔半月以后补喷一次，效果会更好一点。开花基本上一直持续到4月底，在这一个月的时间里，会有一些落花现象，这基本是因为树势弱、温差变化等原因造成的季节性落

花，是正常现象，不必理会。在这过程中，肯定有许多人纠结于要不要控水控肥这些顾虑。在我看来，正常养护就可以，该浇水浇水，该施肥施肥，但是注意肥不能重，这一点在任何时候都要注意的，肥害猛于虎，这不是闹着玩的。这期间如果喷施杀菌药，用多菌灵配比轻一点喷施就可以了，毕竟这个时候也不是病害高发期。要注意的是部分杀菌药要慎用，有些药对幼果有抑制生长的副作用。

比如嘧菌酯由于渗透性较强，在动果期果实处于比较敏感的时期，容易产生药害，而吡唑醚菌酯相对就比较安全一些。所以广大鸦友应尽量详细了解各种药物的特性后谨慎使用，避免产生不必要的损失。

4月底，花瓣基本已经褪去，幼果也有黄豆花生米大小了。有些幼果的品种特性也已经开始显现，此时可以喷施一些高钙高钾肥，这个是幼果的生长，尤其是长果类，幼果期施肥是相当重要的，对果实的纵向增长很重要。而在膨大期，是增大果实的横向生长。

4月底施一次，到5月下旬再施一次即可！

进入5月以后，要开始进行病虫害的防治工作了，基本上每月一次的杀菌是必不可少的。一般用多菌灵就可以！雨季的时候可以适当增加1~2次。6~7月，果子长大了不少，但还没有真正进入膨大期。此时还要经历一次生理落果期，会掉落部分果实，如雨季较长，落果会比较严重，这也没有什么好办法能够避免，只能通过把树养好、养旺，来增加坐果率。

果实的真正膨大是8~9月，此阶段要补充一些氮磷钾肥，其他的微量元素如硼铁锌钙镁，都要适量补充一些。具体的心得还是要靠自己平时去体会。

左图：果实进入膨大期
右图：果实被紫外线灼伤

9月下旬，有些着色早的果已经开始着色了，季节也进入秋季，此时要注意的是，一些果皮较薄的品种，要进行遮阴养护了。因为秋天的阳光紫外线比较强烈，果实成熟皮肤比较脆弱，在阳光直射下，也容易造阴阳脸现象，而遮阴养护，对有些品种，也能有效地延缓衰老，延长观果期，增加观赏价值。

9～10月，很多品种进入成熟期，但是大多数品种这个阶段还在生长膨大，对树的消耗还是比较大的。此时可以施一些复合肥，这很重要，对来年结果也很重要，可以最大程度上减轻大小年现象。当然大小年现象也可以通过疏果来进行抑制。此时树上还有大部分树叶，杀菌工作还不能停。坚持杀菌很重要！

11月开始，进入深秋，天气转凉，也是一年中观果最佳的时节，要注意防霜冻。鸦果是比较害怕霜冻的，气温下降到开始打霜的时候，有条件的朋友建议尽量将观果的树移进温棚。大多数品种在温棚中越冬，果实可以观赏到来年三四月份。但是入冬以后，要大量减少果量，以减少树的负担，以免影响来年挂果。要注意的是，采果的时候最好把果柄剪掉。有些果柄在树上是活着的，除了额外消耗，实在是没有任何作用了。

不同时期的果实

老鸦柿
疏果的意义

老鸦柿普遍都丰果，当树上满满当当挂一树果的时候，非常壮观，给人极强的视觉冲击力，非常具有观赏性。但是丰果就意味着对植株造成的压力比较大。

满树的果，给植株造成很大压力

彭达作品

　　并且，果实个体会普遍偏小。因此，合理地疏减掉部分果子是必要的，也是可行的！这样可以降低树的负担，使树体更健康，减少落果，使果实普遍增大，并可以在很大程度上抑制大小年现象。

但是有些朋友一味地追求果实个体的大小，将一树果疏得留那么几个。甚至一两个。大是大了，但是就那么一两个果真的好看吗，个人感觉有点本末倒置了。

疏果宜早不宜迟，开花的时候即进行这项工作是最好的，这样可以在最大程度上减少养分浪费，使养分提供更及时，更集中。对需要保留的果实的生长发育更有益。

袁泉作品

老鸦柿的假活以及对应方式

老鸦柿是个比较奇怪的东西，活着的时候木质紧密，骨力强劲，2~3cm粗度就很难扭动！但一旦死亡，要不了多久，木质就变得疏松，完全就是一段朽木，怎么样都保存不住的！

可能就是因为老鸦柿桩的特殊性，导致老鸦柿在假活状态下，可以生存很多年，甚至能正常开花结果。这里可能有朋友要问什么是假活。简单来说，树体地上部分略显势弱，或者冒芽以后不抽条，僵在那里，小部分可以开花，结果。但枝条长势明显不旺盛，底下部分没有须根，栽下去什么样，几年后挖出来还是什么样。重新切开，根部还是明显保持新鲜状态，这样的状态可以保持很多年。

碰到这样的情况如果不处理，遇到极端情况，比如偶尔失水，或者冬季严寒，很容易造成桩子死亡，无救。所以发现这样的桩子，还是及时处理的好。其实处理也很简单，扒出来把原来的根部切口重新出新，然后换土重新栽种。这样的桩子最好能够套袋或者缠膜，尽快逼出芽来。老鸦柿一般都是先叶后根，所以地上部分的状态对老鸦柿生根有至关重要的作用。没有开叶，没有充足的光合作用，很难生根。另外提醒各位一点，这项工作最好在春夏季节，高温高湿环境下开展，如温度过低去处理，相当于雪上加霜。

老鸦柿的发展前景

　　老鸦柿在国内盆景素材行列中，属于一个新的品种。以前虽然偶尔也有人玩，但终究是极个别。远远没有现在这么火热。老鸦柿从以前的鲜有听闻，甚至大部分盆景人不知老鸦柿为何物，到现在令大部分盆景人火热痴迷，短短几年的时间，发展不可为谓不神速。老鸦柿的火热有它的道理的。树性姿态优美，四季分明，果品丰富，色彩丰富，容易培养，容易成型，容易丰果，这些都是令其快速风靡盆景圈的原因。而其优秀品种的表现，优秀桩材的稀缺性、极佳的观赏性以及好桩大桩的不可复制的特性又令其拥有着极大的收藏价值。这些因

老鸦柿具优秀的耐寒性

蟠扎造型　　　　　　　　　　　　　　　　彭达作品

素注定了老鸦柿在盆景素材品种占据了不可动摇地位。而老鸦柿的从业人员也从以前寥寥数人迅速发展到现在的几万人。市场规模也在迅速增长。增长的势头越是迅猛，一部分人的担忧也在日渐明显，因为据以往的经验，作为一个物种，发展的越迅速，淘汰的也就越迅速！

　　但是，我认为老鸦柿市场真正的成熟期还没有到来！目前老鸦柿还仅仅是在盆景圈在流转，而这个物种的特性是可以朝花草绿植的方向去发展的，那才是真正能让老鸦柿进入千家万户的正确途径。老鸦柿属于木本植物，比一般盆栽寿命长，好维护，四季分明可观叶、观花、观果、观寒枝。果实变色，超强的观赏性超过大多数盆栽植物。优秀的耐寒性、耐热性，使其可以适应在大部分地区生长。而规模化繁殖以后，成本也可以控制在极低的状态。入手赏玩毫无压力。我国地大物博，市场潜力巨大，如果有计划、有目标地去运营，老鸦柿的前途应该是波澜壮阔的。

随着社会的不断进步。人民生活水平的不断提高，人文修养整体素质也在不断提高。而盆景爱好作为一种雅趣，也在不断进入千家万户，也许刚开始是以绿植、花卉的形式进入，但不管如何，这是离盆景近了一步。现在玩盆景的人越来越多，素材的需求量也便与日俱增。而老鸦柿凭其优异的表现和出色的观赏性，更因为其较低的入手门槛，以及毫无压力的养护要求，迅速被广大盆景爱好者接受，并且日益重视。老鸦柿在国内盆景圈，属于异

野生小全冠素材，现在已经非常稀缺

军突起。前期基本无繁殖，所以前期素材积累基本是源自野外山采。但由于过度的采伐，自然资源逐渐枯竭，而人们的环保意识也在逐步增强，到最终摒弃山采，甚至排斥山采也成必然趋势。

在没有其他选择的前提下，后续资源、素材从哪里来？我认为人工培育是一条不错的路子。老鸦柿人工培育，以籽播培育为主。一粒种子从下地开始算起，一般3~4年可开花。

开花后即可进行雌雄筛选，雄株选出来做砧木嫁接培养小品，也可以继续放养培养大素材。雄株在管理得当、水肥到位的情况下，5年也可以长到6~7cm。而雌树则进行品种筛选，籽播是新品种的主要来源，靠籽播培育新品种，其出新率是可以远远超过山采的。

老鸦柿盆景在国内起步较晚，经验积累较少。大家还处于摸索阶级，没有多少经验可以借鉴。但是有些事情完全可以先做起来，比如人工桩培育。经过对盆景市场多年的观察调查，我认为盆景的大趋势是朝着小盆景去的，尤其是年轻人的加入，小品更是得到了前所未有的重视，而老鸦柿其实是非常适合玩小品的。

自培小全冠

彭达作品

小品占地少、养护轻松、搬动方便、造型简单，柔弱的女孩子都可以亲力亲为去动手造型，而且成型速度快。而老鸦柿培养小品，枝条自然羽化过程要比大桩快上好几年。一个小桩上盆，在盆里培养五六年，就显得相当成熟了。虽然说玩盆景玩的就是时间和耐心，但在这快节奏的年代里，大桩子一个过度养下来动不动就是十年二十年，想想都害怕，生怕负了韶华啊！这个还是留给年轻人来干吧！

从这个角度去看，人工育苗培养小盆景是完全可行的，而且老鸦柿的主要看点是在果。不是松柏那样，没有沧桑就没有神韵。老鸦柿只要略显成熟，品种选择得当，挂出果来便可赏玩。而且造型简单，很多树甚至不用大动干戈去蟠扎造型，简单几个枝条，几个果便甚为入画，而且百树百态，你想要的意境它都有。

除了播种育苗，优秀品种可以通过嫁接、扦插、高压以及分根培育等方式来批量复制。而通过籽播也可以大量获得优秀砧木。

老鸦柿
盆景作品鉴赏

上图：彭达作品
下图：袁泉作品

垂枝式老鸦柿盆景　袁泉作品

袁泉作品

上图：袁泉作品
下图：袁泉作品

袁泉作品

袁泉作品

上图：袁泉作品

下图：彭达作品

丛林式老鸦柿盆景　彭达作品